staub
鑄鐵鍋減醣餐桌

———

大橋由香

藤原高子（營養師）監修　蔡麗蓉 譯

ストウブで糖質オフ

前言——讓美味的減醣料理，
成為持續一輩子的健康飲食

減肥可說是「九分靠飲食，一分靠運動」，我原本就有運動的習慣，卻總是瘦不下來……可想而知飲食的部分都沒有節制。我的工作與飲食有關，對我來說，明知道「節食這種事根本做不到」，還是會想要多吃蔬菜，用自己的方式攝取有益健康的飲食，只不過代謝率還是一天比一天差，居然在兩年內就胖了九公斤！

所幸在二〇一九年五月，我接連兩天遇到了「靠減醣瘦下十八公斤！」的顧客，還有「減掉八公斤！」的朋友，減肥之神終於降臨到我身邊。我開始用獨創的方法減醣，體重也在一個月內就順利往下掉了兩公斤，真的感到很開心。回顧那段日子，才發現過去常吃甜食及高醣食物，長期累積下來不知道攝取進多少含醣量了。

雖然我從「減醣」開始了減肥計畫，但卻一直苦於腸胃不適，就在這時候，我認識了營養師藤原高子。我請藤原營養師幫我檢查每餐的飲食內容，了解自己的飲食偏好後，體重才逐漸往下掉。而且在營養師的協助之下，肚子不適的情形也改善了。其實營養師在協助大家減肥時，「會依照每個人不同的食量、飲食、消耗熱量及體質，採用適合每一個人的減肥法」。

舉例來說，習慣吃很多白米飯的人，只要減醣的話，體重應該馬上就能降下來。只要從現在開始，注意所選擇的食物，一定可以擁有健康的人生。藤原營養師還建議我：「可以一輩子持之以恆的飲食，才是健康的『飲食習慣』！」

　　坊間流傳許多有關減醣的資訊，譬如「盡量避免攝取含醣量，蛋白質可以無限量攝取，脂質也應積極攝取」，但是內容卻很極端，這種飲食法究竟適不適合自己，實在很難下定論。

　　一提到減肥，很多人都會聯想到一直吃些乾柴的雞里肌肉或是小黃瓜，不過本書要推薦給大家的飲食重點，則是「每餐均衡食用各類食材，充分攝取營養」，同時再利用「Staub 鑄鐵鍋」來烹調，就可以輕鬆端出濃縮了鮮甜滋味的料理，讓脂肪含量少的肉和魚，也能煮得多汁又美味。還可以將肉、魚及蔬菜料理成「常備菜」，以便能立即食用，相信能減少大家在改變飲食初期的挫折感。

　　推出這本書的目的，就是為了幫助想要減肥、希望改善飲食獲得健康、為了守護家人健康的每一個人。現在就翻開這本書的減醣食譜，期盼大家可以用輕鬆的心情來嘗試看看。

Staub 鑄鐵鍋料理研究家
大橋由香

鑄鐵鍋料理，
讓你愛上天然的食材鮮味！

營養師／藤原高子

　　由 Staub 鑄鐵鍋料理食譜的第一把交椅——大橋由香老師推出的「減醣料理食譜」，我記得那是豬肉的 Staub 鑄鐵鍋料理，在吃下第一口的瞬間我便完全感受到了！只用了天然鹽調味，風味十分單純，但是多汁的口感，將肉類鮮甜的滋味完全釋放出來，讓我驚為天人，因為這就是減重飲食時最渴望的味道。

　　減肥期間的飲食有一個令人意想不到的陷阱，就是「調味料」。而 Staub 鑄鐵鍋料理會將食材鮮甜滋味澈底發揮出來，藉由比平時減量的調味料及簡單調味，就能完全展現出料理的好滋味。

　　「身體的構成取決於吃了什麼樣的食物，健康和美麗由飲食奠定基礎」，一路走來我都秉持著這個原則，幫助女性成就美麗與健康。你現在的身體，就是由食物所組成。請回顧看看，是不是總是吃了太多不該吃的東西，反而缺乏了某些營養呢？千萬不能「怕胖所以節食忌口」，其實，「不想變胖，才要攝取正確的食物」！只要慢慢地改變觀念，身體也一定會逐漸發生變化的。

藤原高子
營養師、飲食顧問、T's FOOD LAB 代表。
於雜誌、電子報等媒體撰寫專欄及食譜，幫助女性實現美麗與健康。另外還參與美容食品、保健食品、化妝品、食品的商品企劃研發工作。

不只要注意含醣量的每日建議攝取量，健康瘦身的飲食關鍵有哪些呢？
一邊料理美味的 Staub 鑄鐵鍋減醣食譜，一邊也要注意這些細節喔！

method 1

三餐一定要確實吃

早餐——吃早餐可以啟動交感神經，提升白天的代謝率。其實生理時鐘比一天二十四小時稍長一些，為了讓身體每天重新歸零，早餐一定要吃。生理時鐘不規律，就容易造成代謝率下降，尤其應該要好好攝取蛋白質，脂肪才能有效地燃燒。

午餐——減肥期間，遇到真的有非常想吃的東西時，請選在午餐時段享用。忍著不吃會形成壓力，所以絕對不能忍耐。分配一天三餐的飲食分量時，要注意午餐的分量要多一些，晚餐應少吃一些。

晚餐——空腹時間只要一拉長，就容易讓人想要暴飲暴食。如果會延後吃晚餐，卻已經有點肚子餓時，可以吃點低卡、低醣的點心或輕食；夜間的活動量少，建議選擇好消化的食物，以能抑制脂質及含醣量吸收的溫熱食物或蔬菜為主。

method 2

留意每日的含醣量攝取量

注意每餐的主食攝取量，並非完全不吃主食，而是要利用方法，才能輕輕鬆鬆地持續減醣飲食。比如將主食的量減半、晚餐少吃一些、與富含食物纖維的食材一同攝取等等。每日的含醣量攝取量總計為 70 ～ 130g，每餐相當於 20 ～

40g，如果兩餐之間會吃零食的話，最多只能吃 10g 左右。還有，肚子覺得餓的時候不要忍耐，可以吃些低卡低醣的零食補充營養。

method 3

均衡攝取營養

請大家在一日三餐中，每一餐都一定要吃到「紅色」區塊內的一種食物，提醒自己「黃色」區塊要少吃（少量），並留意「綠色」區塊應多種類攝取。

米飯、麵包、年糕、烏龍麵、奶油、美乃滋、油、砂糖、馬鈴薯、芋頭、地瓜等

黃色
主要用來生成能量的食物

紅色
主要用來打造身體的食物

雞肉、牛肉、豬肉、蛋、牛奶、起司、香腸、魚、貝、魚板、海帶芽、海苔、豆腐、納豆、大豆等

高麗菜、洋蔥、番茄、茄子、菠菜、小黃瓜、青花菜、紅蘿蔔、青蔥、青椒、蘋果等

綠色
主要用來調整身體健康的食物

建議

藉由飲食習慣的回顧，來了解「自己的飲食偏好」：請大家試著用拍照、筆記等方式，檢查三餐及零食都吃了什麼，你會意外的發現，自己不知不覺中有部分營養素明顯的攝取不足或是過多了。

以我自己為例，雖然正在減醣，不過並沒有「計算含醣量攝取量」，只是大概掌握每日的攝取量，提醒自己不能攝取過多，同時也會「拍下均衡飲食的照片」。就在二〇二〇年一月，我已經成功減下八公斤，而且沒有復胖，輕鬆自在地繼續我的減醣生活。本書會將熱量、含醣量標示出來以供參考，但是建議大家不必仔細計算出總量，只要每天的三餐，都有意識地選擇均衡飲食就好。

善用 Staub 鑄鐵鍋的特性

「Staub」琺瑯鑄鐵鍋獨一無二的特色，
可以輕鬆地煮出活用食材原始鮮甜滋味的料理！

火力調整

《極小火》

《小火》

《中火》

為了將肉和魚煮到軟嫩，釋放出蔬菜的甜味，基本上一開始會用小火～中火加熱，等到鍋子溫度上升到某個程度再轉成極小火，最後利用餘熱將食材悶熟。尤其是脂肪含量少的肉類食材，用這種方式加熱的話，就可以煮得非常軟嫩。

蒸氣

Staub 鑄鐵鍋的特徵是鍋蓋很重，因此密閉性高，可以做到「無水料理」。內含鮮甜滋味成分的蒸氣會在鍋中循環，因此美好滋味會完全濃縮在食材當中，當鍋中壓力升到最高時，蒸氣就會從鍋蓋縫隙隱約流竄出來。

汲水效果

從食材釋出的水分會沿著鍋蓋內部的凸點（汲水釘）滴入鍋中，使料理變得多汁又美味，打開鍋蓋的時候，請將水分倒入鍋中。由於水分會像下雨一樣滴落下來，便稱之為「汲水效果」。

鹽

重口味的調味，容易使人吃太多、喝太多，所以減重期間請多加留意，調味以清淡為宜。本書的食譜為了活用食材的鮮甜滋味，並考量到健康的問題，大部分都是簡單調味。鹽的部分，會少量使用內含大海礦物質的天然海鹽，請大家依個人喜好增減用量。

食譜中所使用的 Staub 鑄鐵鍋

烹調時會使用 2 種尺寸：16cm 與 20cm 的圓形鑄鐵鍋，只有在煮米飯類食物時會使用「La Cocotte de Gohan 系列」M 尺寸的鑄鐵鍋。

《16cm 圓形鑄鐵鍋》

《20cm 圓形鑄鐵鍋》

《La Cocotte de Gohan 系列 M》

在本書食譜中，主要會使用 20cm 的圓形鑄鐵鍋烹調 2 ～ 4 人份的主菜及常備菜、使用 16cm 的圓形鑄鐵鍋烹調 1 ～ 2 人份的主菜及副菜。以 20cm 的圓形鑄鐵鍋為基準，將差距 4cm 的鍋具準備齊全的話，使用起來會更加方便，適用 16cm 鑄鐵鍋的食材，增加成兩倍的分量就可以放進 20cm 鑄鐵鍋（用於 20cm 鑄鐵鍋的食材，減少一半分量即適用 16cm 鑄鐵鍋）中烹調，所以兩款鍋子都有的人，請應用食譜料理看看。

【使用不同尺寸的鑄鐵鍋做菜時】

● 18cm 鑄鐵鍋與 20cm 鑄鐵鍋的食材分量相同，或是請減少一些份量再烹調。

● 22cm 鑄鐵鍋的食材分量為 20cm 鑄鐵鍋的 1.5 倍。

● 24cm 鑄鐵鍋的食材分量為 20cm 鑄鐵鍋的 2 倍。

【使用 Oval 橢圓鑄鐵鍋的時候】

● 23cm 橢圓鑄鐵鍋與 20cm 圓形鑄鐵鍋的食材分量相同。

● 27cm 橢圓鑄鐵鍋需要 20cm 圓形鑄鐵鍋食材分量的 1.5 ～ 2 倍。

愈大的鍋子需要愈長時間才會出現蒸氣，小一點的鍋子相對短時間就能冒出蒸氣，請視鍋中情形增減烹調時間。

米飯一般用口徑 16cm 的「La Cocotte de Gohan 系列 M」炊煮，不過 20cm 的圓形鑄鐵鍋同樣能煮出美味的米飯（關於其他尺寸的鑄鐵鍋，請以上述相同的分量烹調，只是 Oval 橢圓鑄鐵鍋有時會出現熟度不均的情形）。La Cocotte de Gohan 能夠將米飯煮得鬆軟可口，非常推薦大家，尤其是要煮糙米的人，用 La Cocotte de Gohan S 尺寸就能將 1 杯米煮得非常美味。

本書使用說明

含醣量
0.0g
熱量
000kcal
< 1 人份 >

- 每一道食譜都會在左側標記內標示出含醣量、熱量。
- 營養含量是以《日本食品標準成分表 2015 年版（七訂）》為依據來計算。
- 由於個體差異、食材收成時間以及廠商不同等因素，數值會有所差異。
- 羅漢果糖在成分標示上雖內含含醣量，卻是屬於不會影響血糖值的成分，因此會以「含醣量 0」來計算。

- 1 大匙為 15ml，1 小匙為 5ml。
- 烹調時間為大概的參考，會依烹調器具及環境而異，所以請視情況增減時間。
- 保存時間僅供參考，會依狀態而異，所以請盡快吃。
- 使用個人習慣的食用油即可。
- 特級冷壓橄欖油是用在生食上的，主要是用在提升風味的食譜中；關於橄欖油的種類請依照個人喜好使用。

Contents

Part 1
主菜

Part 2
副菜

Part 3
主食

Rice Recipe

Column

【減醣甜點】

Part 1
主菜

主要用肉或魚料理而成的餐點，
是低醣、低熱量且高蛋白質的菜色。
一部分的雞肉、豬肉、海鮮除了有基本菜色（Basic），
還會為大家介紹衍生出來的變化款菜色（Arrange）。
唯有 Staub 鑄鐵鍋，
才能煮出活用食材鮮甜滋味、多汁又美味的料理！

雞肉

Basic 基本菜色

清蒸雞里肌肉

容易乾柴的雞里肌肉，
發揮燒酎效果就能煮得鮮甜。
讓零醣、低脂又高蛋白質的雞里肌肉，
變得多汁又美味。

含醣量
0.0g
熱量
451kcal
（8 條份）

20cm

材料（8 條份）
雞里肌肉…8 條（400g）
燒酎…1 大匙
鹽…1/2 小匙

作法

1. 雞里肌肉排放入鍋中，兩面撒上鹽，再淋上燒酎〔a〕。

2. 蓋上鍋蓋，以小火加熱 5 分鐘左右。

3. 打開鍋蓋，待雞里肌的顏色變白後〔b〕，上下翻面〔c〕，熄火再用餘熱煮熟。稍微放涼後，連同湯汁倒入密封袋或保鮮盒等容器中，放入冷藏庫冷藏。

memo

- 可將雞胸肉切成條狀代替雞里肌肉，再以相同作法蒸熟。
- 不加鹽，並用水取代燒酎的話，也可以用來當作離乳副食品或寵物餐。
- 酒可改用料理酒、日本酒，但是使用燒酎的含醣量較低。
- 保存時間：冷藏 3 ～ 4 天。

point
煮熟後會比較容易將筋去除。
要將雞里肌撕開使用時，請
將較硬的部分剔除。

能量滿點中式涼麵

將中式麵條減半，
改用黃豆芽增量就能降低熱量，
發芽蔬菜的芽菜及番茄，營養超豐富！

含醣量
35.0g
熱量
426kcal
（1 人份）

材料（2 人份）
清蒸雞里肌肉…4 條
中式麵條…1 人份（110g）
黃豆芽…1 包（200g）
芽菜…5g
番茄…1/2 個（100g）
小黃瓜…1/2 條（50g）
蛋皮…1 顆蛋的分量

A ║ 雞里肌肉清蒸湯汁…1 大匙
醬油…2 大匙
醋…2 大匙
麻油…2 小匙
白芝麻…2 小匙
羅漢果糖…1 小匙

作法

1. 將清蒸雞里肌肉撕開，材料 A 拌勻備用。

2. 中式麵條用熱水汆燙，再用冷水洗去黏液並瀝乾水分。黃豆芽用熱水汆燙，再稍微放涼。芽菜切除根部。番茄切半，再切成 5mm 的薄片。小黃瓜切成 5cm 長的細絲。蛋皮切絲。

3. 中式麵條盛盤，擺上清蒸雞里肌肉絲、作法 2 的食材，再淋上材料 A。

memo
● 芽菜是蔬菜或豆類等種子發芽長成的發芽蔬菜，低卡又內含維生素及礦物質之外，還具有可抗氧化的營養素。本書使用的品種，是不需要切除根部可直接使用的「超級食物青花菜芽」。
● 羅漢果糖為一般市面上販售，由植物萃取而成的零卡甜味劑，用加入羅漢果糖的自製醬汁控制含醣量的攝取，是減醣飲食的秘訣之一。

雞里肌鴻喜菇佐起司

大量使用富含食物纖維的菇類，
有助於抑制餐後血糖值急速上升。

含醣量
0.9g
熱量
192kcal
（1人份）

16cm

材料（2人份）
清蒸雞里肌肉…4 條
鴻喜菇…1 包（130g）
青紫蘇葉…4 片
帕馬森乾酪…5g
橄欖油…1 大匙
鹽…1/4 小匙

作法

1. 將雞肉撕開、鴻喜菇切除根部後剝成小朵、青紫蘇葉切絲、帕馬森乾酪磨成粉（也可使用現成的帕馬森起司粉）。

2. 橄欖油倒入鍋中以中火燒熱，倒入鴻喜菇，撒上鹽，稍微攪拌一下再蓋上鍋蓋。

3. 待蒸氣從鍋蓋縫隙冒出後打開鍋蓋，擺上雞里肌肉絲後熄火，蓋上鍋蓋再靠餘熱悶 5 分鐘左右。盛盤後撒上帕馬森乾酪，再擺上青紫蘇葉。

memo
● 淡白色的雞里肌搭配上起司後，風味會更加醇厚。

燉煮雞腿肉

雞腿肉屬於較多肌肉的部位，
有適量的脂質與平時不易攝取到的鐵、鋅等礦物質，
搭配蔬菜、菇類後再燉煮至軟爛。

含醣量
9.0g
熱量
421kcal
（1人份）

20cm

材料（2人份）
雞腿肉…1片（300g）
高麗菜…1/4 個（250g）
日本大蔥…1根（150g）
鴻喜菇…1/2 包（65g）
橄欖油…1 大匙
鹽…1 小匙

a

b

c

作法

1. 雞肉切成 4 等分，撒上鹽。高麗
   菜切成 5cm 塊狀。日本大蔥切成
   5cm 長。鴻喜菇切除根部後撕開
   〔a〕。

2. 橄欖油、高麗菜、日本大蔥、鴻
   喜菇倒入鍋中，撒上少許鹽（額
   外）〔b〕。上面擺上雞肉〔c〕
   後蓋上鍋蓋，以小火加熱。

3. 待蒸氣從鍋蓋縫隙冒出後轉成極
   小火，燉煮 20 分鐘左右。打開鍋
   蓋稍微攪拌一下，再蓋上鍋蓋後
   熄火，靜置到鍋子冷卻為止。

point
待鍋中充滿蒸氣後，蒸
氣會從鍋蓋縫隙冒出
來。

Arrange 變化款

豆漿燉菜

豆漿由大豆製成，而大豆不只富含植物性蛋白質，
內含的異黃酮更是抗老化的強大盟友！

含醣量
19.8g
熱量
316kcal
（1 人份）

20cm

材料（2 人份）

燉煮雞腿肉…一半的分量

馬鈴薯…1 個（100g）

豆漿（無糖、無添加物）…200ml

鹽…1/2 小匙

黑胡椒…適量

作法

1. 燉煮雞腿肉、切絲的馬鈴薯倒入
   鍋中，以中火加熱，待沸騰後蓋
   上鍋蓋轉成極小火，燉煮 10 分鐘
   左右。

2. 倒入豆漿後轉成中火，一邊攪拌
   一邊加熱至蒸氣冒出為止〔a〕。
   用鹽、黑胡椒調味，即可完成。

a

memo

● 不使用麵粉，利用馬鈴薯的澱粉
  質自然就會變濃稠。要一邊攪拌
  一邊加熱以免燒焦。

● 馬鈴薯的「鉀、維生素 C」皆為水
  溶性營養素，因此建議烹調成可
  連湯汁一起享用的湯品。

燉煮雞腿肉 *arrange* 變化款

味噌燉雞肉

味噌是日本傳統的發酵食品，
搭配食物纖維多的蔬菜，能幫助腸道環境維持健康。

含醣量
8.2g
熱量
259kcal
（1人份）

20cm

材料（2人份）
燉煮雞腿肉⋯一半的分量
豆芽菜⋯1/2 包（100g）
日本大蔥⋯1/2 根（75g）
味噌⋯1 大匙

作法

1. 豆芽菜洗淨，放在瀝水盆上瀝乾水分；日本大蔥斜切成薄片。

2. 燉煮雞腿肉、豆芽菜、日本大蔥倒入鍋中，以中火加熱至沸騰後熄火，將味噌化入湯中〔a〕就完成了。

a

memo

● 無水料理中釋出的食材水分類似濃縮高湯，加入水、牛奶或豆漿後，還可變化成味噌湯或湯品。

● 熄火後最後再將味噌化入湯中，香氣會更加明顯。

Basic 基本菜色

翅小腿湯

翅小腿富含許多優質脂肪與膠原蛋白，
水煮或燉湯更好吸收這些營養素；
建議搭配大量蔬菜一同料理，
讓雞肉燉煮軟爛後更容易入口。

含醣量
3.9g
熱量
217kcal
（1人份）

20cm

材料（4人份）
翅小腿…8 隻（560g）
白蘿蔔…1/4 條（250g）
日本白蔥…1 根（150g）
橄欖油…1 大匙
鹽…1 小匙

作法

1. 翅小腿撒上鹽、白蘿蔔切成 2cm 厚的
   1/4 圓形、日本大蔥切成 5cm 長〔a〕。

2. 橄欖油、日本大蔥、白蘿蔔倒入鍋中，
   撒上少許鹽（額外）〔b〕。上面擺
   上雞肉〔c〕，蓋上鍋蓋後以小火加
   熱。

3. 待蒸氣從鍋蓋縫隙冒出後轉成極小
   火，加熱 30 分鐘左右。加入 400ml
   水（額外），以中火加熱至沸騰即可
   熄火。

point
利用無水料理釋出鮮甜滋味
後，再加水進鍋中。

白蘿蔔泥燉雞肉

雞肉已經煮熟,熱一下即可享用,
白蘿蔔泥的營養素並不耐熱,不要加熱太久喔!

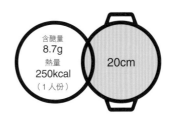

含醣量
8.7g
熱量
250kcal
（1人份）

20cm

材料（2 人份）

翅小腿湯的雞肉…4 隻
翅小腿湯…100ml
白蘿蔔…1/4 條（250g）
青江菜…1 株（90g）
醬油…1 大匙
鹽…1/4 小匙
七味唐辛子…少許

作法

1. 白蘿蔔磨成泥。青江菜切除根部後縱切成 4 等分，再充分洗淨。

2. 白蘿蔔泥、雞肉、青江菜、醬油、翅小腿湯倒入鍋中，以中火煮滾一下〔a〕。用鹽調味，再撒上七味唐辛子。

memo

● 白蘿蔔內含數種消化酵素，而白蘿蔔磨成泥後產生的辛辣味就是「抗氧化」成分。

韓國風味雞湯

膠原蛋白與溫熱身體的食材全融入湯中，
減鹽才能嚐出湯汁的鮮甜原味。

含醣量
11.2g
熱量
123kcal
（1 人份）

20cm

材料（2 人份）

翅小腿湯…一半的分量

多穀米…30g

生薑…1 塊

蒜頭…1 瓣

枸杞…5g

鹽…1/4 小匙

紅辣椒絲…適量

作法

1. 多穀米用濾茶網清洗一下、生薑
   與蒜頭切片。

2. 翅小腿湯、多穀米、生薑、蒜頭、
   枸杞倒入鍋中，以中火加熱，待
   沸騰後蓋上鍋蓋轉成極小火，加
   熱 15 分鐘左右〔a〕。

3. 用鹽調味，盛盤後再擺上紅辣椒
   絲。

memo

● 白生薑與蒜頭加熱後，溫熱身體
  的成分會更有效果。

● 一般的蔘雞湯會使用糯米來煮，
  這次則改用多穀米。

豬肉

Basic 基本菜色

清蒸豬里肌肉

用小火加熱豬里肌肉，口感會更軟 ，
豬肉內含的維生素 B1，
是將含醣量轉換成能量的必需營養素，
豬里肌的維生素 B1 含量高，簡單清蒸即可。

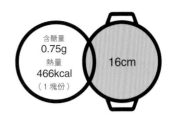

含醣量
0.75g
熱量
466kcal
（1 塊份）

16cm

材料（1 條份）
豬里肌肉塊…250g
鹽…1/2 小匙
橄欖油…1 大匙
燒酎…1 大匙

作法

1. 豬肉整塊撒上鹽。橄欖油和豬肉倒入
   鍋中，撒上燒酎〔a〕。

2. 蓋上鍋蓋以小火加熱 10 分鐘左右
   〔b〕，若中途有蒸氣從鍋蓋縫隙冒
   出，再轉成小火。

3. 打開鍋蓋，待豬肉變色後上下翻面
   〔c〕，熄火後靠餘熱悶熟。

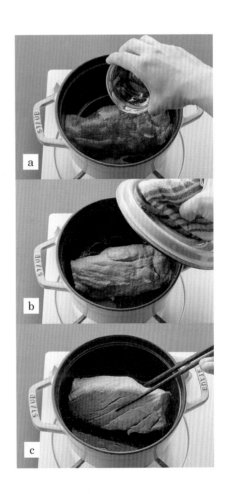

a

b

c

memo
● 水溶性的維生素 B1 應避免水煮，改用
  清蒸才能防止營養素流失。
● 不管是熱熱的吃，或是放涼再吃都很
  美味。

point
清蒸豬里肌肉先冷藏，再用
菜刀切會比較好切。

清蒸豬里肌肉 *arrange* 變化款

韓式豬里肌肉

可同時攝取到黃綠色蔬菜的健康料理，
透過青蔥內含的辛辣成分，
提升維生素 B1 的吸收率！

含醣量
6.1g
熱量
331kcal
（1 人份）

材料（2 人份）
清蒸豬里肌肉…1 條
日本大蔥（蔥白部分）
…1/2 根（75g）
檸檬…1 個
麻油…1 大匙
鹽…1/2 小匙
紅蘿蔔…1/4 根（40g）
萵苣…8 片
紫蘇葉…8 片

作法

1. 將冷藏的清蒸豬里肌肉切成 8 等
   分。日本大蔥切碎，紅蘿蔔切絲
   備用。檸檬榨成汁。

2. 日本大蔥、檸檬、麻油、鹽攪拌
   均勻，擺在作法 1 的里肌肉上。

3. 萵苣、紫蘇葉疊在一起，放上作
   法 2 與紅蘿蔔後捲起來就完成了。

memo
● 內含於青蔥、蒜頭、洋蔥等食材
  當中的辛辣成分大蒜素，會藉由
  切細、磨泥、壓碎等方式產生；
  大蒜素並不耐熱，因此建議大家
  生吃。

豬里肌肉佐梅子秋葵醬

秋葵及滑菇的黏液成分，
可以減緩血糖值上升。

含醣量
2.9g
熱量
256kcal
（1人份）

材料（2人份）
清蒸豬里肌肉…1條
秋葵…8根（80g）
滑菇…1包（85g）
梅干…2個（40g）

作法

1. 秋葵、滑菇汆燙一下，梅干去籽。

2. 將清蒸豬里肌肉切成適口厚度。

3. 將作法1備好的食材用菜刀剁碎
   〔a〕，再淋上豬肉即可。

a

> memo
> ● 秋葵與滑菇切碎後黏滑的口感會
>   更加明顯。
> ● 淋醬分量很多，還可以淋在豆腐
>   或米飯上。

Basic 基本菜色

豬肉炒蔬菜

富含維生素 B1 又方便料理的豬肉片，

可以搭配蔬菜一起炒，

運用 Staub 鑄鐵鍋的特性，

只須將食材疊放好加熱攪拌一下即可，

比用平底鍋烹調簡單得多，

而且更能突顯食材風味。

含醣量
3.2g
熱量
149kcal
（1 人份）

20cm

材料（4 人份）

豬腿肉片……300g

高麗菜…1/8 個（125g）

小松菜…1/2 把（30g）

紅蘿蔔…1/2 條（75g）

蒜頭…1 瓣

木耳…3g

豆渣粉…1 大匙

麻油…1 大匙

鹽…1/2 小匙

胡椒…適量

作法

1. 豬肉切成約 3cm 長，撒上少許鹽（額外），再撒滿豆渣粉。高麗菜切成 3cm 左右的塊狀，小松菜也切成約 3cm 長，紅蘿蔔切絲，蒜頭切片。木耳用水沖洗一下，若有太大塊的再撕開〔a〕。

2. 依序將麻油、蒜頭、紅蘿蔔、一半分量的豬肉、高麗菜、一半分量的豬肉、木耳、小松菜疊放於鍋中後撒上鹽〔b〕，蓋上鍋蓋以中火加熱。

3. 待蒸氣從鍋蓋縫隙冒出後打開鍋蓋，用夾子攪拌直到豬肉煮熟為止〔c〕。用鹽（額外）、胡椒調味即可完成。

memo
- 將豬肉分兩份，依作法分別放入鍋中才容易煮熟。
- 可用豬腿肉或豬里肌來烹調，不過豬腿肉的脂肪含量少，口感較為清爽，豬里肌則含有適量油脂，煮好的料理風味醇厚。
- 木耳是富含營養的菇類，有食物纖維、鐵、維生素 D，想要打造強健的骨骼，維生素 D 是不可或缺的。

番茄燉豬肉

番茄自帶的鮮甜滋味會充分地融入燉煮料理中，
比起生番茄，番茄泥更能充分攝取到番茄紅素。

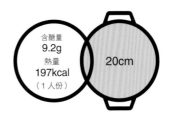

含醣量
9.2g
熱量
197kcal
（1人份）

20cm

材料（4人份）

豬里肌肉片…300g
高麗菜…1/2 個（500g）
杏鮑菇…1 包（100g）
帕馬森乾酪…適量
番茄泥…200g
橄欖油…1 大匙
鹽…1/2 小匙
黑胡椒…適量

作法

1. 豬肉切成 3cm 長。高麗菜切成 3cm 塊狀。杏鮑菇切成一半長度，再切成 5mm 厚。帕馬森乾酪磨成粉。

2. 橄欖油、高麗菜、一半分量的豬肉疊放於鍋中，放上番茄泥、杏鮑菇，撒上鹽〔a〕，再蓋上鍋蓋以小火加熱。

3. 待蒸氣從鍋蓋縫隙冒出後轉成極小火，加熱 20 分鐘左右。上面擺上剩餘的豬肉再蓋上鍋蓋，以中火加熱等到蒸氣冒出後打開鍋蓋，撒上黑胡椒，並依個人喜好撒上帕馬森乾酪。

a

memo

● 多加 500ml 左右的水進去燉煮，就會變成番茄鍋。

● 「番茄紅素」搭配油脂一同攝取會更好吸收，所以關鍵在於用油料理。

豬肉湯

加入大量富含食物纖維的蔬菜，
也十分推薦追加低醣且營養價值高的乾貨食材。

含醣量
9.6g
熱量
126kcal
（1人份）

20cm

材料（4人份）

豬腿肉片…100g
日本大蔥…1根（150g）
牛蒡…1/2根（65g）
紅蘿蔔…1條（150g）
白蘿蔔…1/4條（250g）
生薑…1塊（10g）
油…1大匙
鹽…1/2小匙
水…500ml
味噌…2大匙

作法

1. 豬肉切細。日本大蔥、牛蒡切成
   1cm長，紅蘿蔔、白蘿蔔切成
   1cm厚的1/4圓形，生薑切末。

2. 油、生薑、日本大蔥、牛蒡、紅
   蘿蔔、豬肉、白蘿蔔疊放於鍋中，
   撒上鹽〔a〕，蓋上鍋蓋後轉成小
   火。

3. 待蒸氣從鍋蓋縫隙冒出後轉成極
   小火，加熱20分鐘左右。

4. 倒入水，轉成中火，待沸騰後熄
   火再將味噌化入湯中。盡量直接
   靜置到放涼為止，讓味道融合在
   一起。

Pork Recipe

豬肉炒韭菜泡菜

豬肉與蒜頭的組合，消除疲勞效果十足。

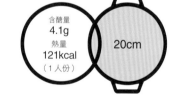

含醣量
4.1g
熱量
121kcal
（1人份）

20cm

材料（4人份）
豬腿肉片…200g
泡菜…100g
洋蔥…1/2 個（100g）
韭菜…1 把（100g）
蒜頭…1 瓣
麻油…1 大匙
鹽…1/4 小匙

作法

1. 豬肉切成 3cm 長，與泡菜拌勻。洋蔥逆紋切片，韭菜切成 3cm 長。蒜頭切片。

2. 麻油、蒜頭、洋蔥、作法 1 的泡菜與豬肉、韭菜疊放鍋中，撒上鹽，蓋上鍋蓋後以中火加熱。

3. 待蒸氣從鍋蓋縫隙冒出後打開鍋蓋，用夾子攪拌直到豬肉煮熟為止。

memo
● 泡菜加熱後，酸味就會轉變成鮮甜味。

Pork Recipe

肉燥

可加在豆腐或米飯上的萬能配料。

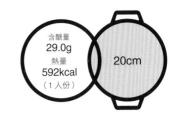

含醣量
29.0g
熱量
592kcal
（1人份）

20cm

材料（方便製作的分量）

豬腿肉片…200g
洋蔥…1 個（200g）
金針菇…1 包（150g）
生薑…1 塊（10g）
青蔥…3 根（9g）
麻油…1 大匙

A ‖ 味噌…2 大匙
　‖ 醬油…1 大匙
　‖ 燒酎…1 大匙

作法

1. 豬肉切細，洋蔥切成粗末。金針菇切除根部後切成 4 等分，下方部分撕開。生薑切末，青蔥切成蔥花。

2. 麻油、生薑、洋蔥、豬肉、金針菇、材料 A 倒入鍋中，蓋上鍋蓋後以中火加熱。

3. 待蒸氣從鍋蓋縫隙冒出後打開鍋蓋，倒入青蔥，攪拌至豬肉煮熟為止。

memo

● 利用比豬肉分量多約 2 倍的蔬菜，就能充分攝取到食物纖維。

Pork Recipe

黑醋薑燒豬肉

這是一道豬肉搭配黑醋的元氣料理！

含醣量
7.9g
熱量
223kcal
（1人份）

20cm

材料（4 人份）

豬里肌肉片…400g
洋蔥…1 個（200g）
舞菇…1 包（120g）
生薑…2 塊（20g）

A ‖ 黑醋…2 大匙
　‖ 醬油…2 大匙
　‖ 味醂…1 大匙
　‖ 橄欖油…1 大匙

作法

1. 豬肉切成 3cm 長，與磨成泥的生薑、材料 A 拌勻後靜置 5 分鐘。洋蔥順紋切片，舞菇撕開。

2. 依序將橄欖油、洋蔥、一半分量的豬肉、一半分量的舞菇、一半分量的豬肉、一半分量的舞菇疊放於鍋中，以畫圈方式淋上材料 A，蓋上鍋蓋後以中火加熱。

3. 待蒸氣從鍋蓋縫隙冒出後打開鍋蓋，用夾子攪拌直到豬肉煮熟為止。

memo

● 推薦大家搭配高麗菜絲一起享用！

豬腿肉塊火腿

豬腿肉塊的價格較為便宜，
雖是脂肪含量少的部位容易乾柴，
但用小火慢慢加熱就能煮得很軟。

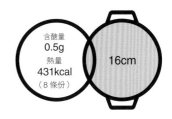
材料（1 條份）
豬腿肉塊…250g
橄欖油…1 大匙
鹽…1/2 小匙

作法
1. 橄欖油、豬肉倒入鍋中，豬肉整塊撒上鹽〔a〕。

2. 蓋上鍋蓋以小火煮約 5 分鐘，再轉成極小火加熱 5 分鐘左右。

3. 翻面〔b〕，再次蓋上鍋蓋加熱 10 分鐘左右，熄火後直接靜置到放涼為止。

4. 裝入夾鍊保鮮袋中，冰在冷藏庫靜置 1 個晚上〔c〕。

memo
- 靜置一個晚上會增加鮮甜滋味，享用起來更加美味。
- 保存時間：冷藏 4 ～ 5 天。

含醣量 17.3g
熱量 186kcal
（1人份）

16cm

豬腿肉塊火腿 *arrange* 變化款

紙包三明治

改用擀平的薄片三明治吐司，
做成紙包三明治，
就能達到減醣的效果，
再夾入大量營養均衡的優質食材，
絕對能吃得飽。

材料（2 人份）
豬腿肉塊火腿…1/2 條
三明治吐司…4 片
香菜…適量

● **亞麻仁豆漿美乃滋**（方便製作的分量）
　亞麻仁油…100ml
　豆漿（無糖、無添加物）…50ml
　醋…20ml
　鹽…1/2 小匙
　羅漢果糖…1 小匙

● **紫高麗菜醃菜**（方便製作的分量）
　紫高麗菜…1/4 個（250g）
　特級冷壓橄欖油…2 大匙
　米醋…1 大匙
　鹽…1/2 小匙

● **紅蘿蔔醃菜**（方便製作的分量）
　紅蘿蔔…1 條（150g）
　綜合堅果…30g
　特級冷壓橄欖油…2 大匙
　米醋…1 大匙
　鹽…1/4 小匙

作法

1. 已經放涼的豬腿肉塊火腿切成極薄片、香菜切成 3cm 長、吐司麵包用擀麵棍擀成薄片〔a〕。亞麻仁豆漿美乃滋的所有材料用食物調理機攪打均勻（冰在冷藏庫可保存 4～5 天）。

2. 麵包放在蠟紙或保鮮膜上，塗上美乃滋（適量），分別放上少量的紫高麗菜醃菜、紅蘿蔔醃菜、豬肉火腿、香菜後捲起來，兩端用力扭緊，切成一半。

● **紫高麗菜醃菜**
紫高麗菜切絲，用鹽搓揉，加入米醋、橄欖油拌勻，靜置 1～2 小時左右（冰在冷藏庫可保存 4～5 天）。

● **紅蘿蔔醃菜**
綜合堅果用平底鍋乾煎，再切碎。紅蘿蔔切絲，與橄欖油、米醋、鹽拌一拌，再和堅果混合在一起，靜置 1～2 小時左右（冰在冷藏庫可保存 4～5 天）。

---

memo

● 麵包最好選擇食物纖維多的全麥麵包或裸麥麵包，避免內含酥油或人造奶油的產品。
● 美乃滋使用了對血液健康有益的亞麻仁油製作而成，也可使用個人喜好的油來製作。
● 紫高麗菜內含的花青素，具有抑制血糖值上升的效果。
● 堅果是低醣食材，取得方便，吃起來也方便，還富含有益身體的脂質。

a

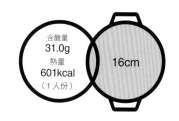

含醣量
31.0g
熱量
601kcal
（1人份）

16cm

豬腿肉塊火腿 *Arrange* 變化款

能量滿點套餐

考量到營養均衡最適合減肥的套餐。
主食分量減少，搭配上大量主菜與副菜。

材料（2人份）
豬腿肉塊火腿…1 條
多穀糙米飯…1 餐份（160g）
芝麻菜…1 把（40g）
芽菜…5g
小番茄…8 個（80g）
橄欖油…1 大匙
酪梨…1 個（200g）
生薑…1 塊（10g）
黑醋…1 大匙

作法

1. 豬腿肉塊火腿切成極薄片〔a〕、芝麻菜切成 3cm 長、芽菜切除根部、小番茄切成 4 等分，與少許鹽（額外）、橄欖油醃漬備用〔b〕。

2. 酪梨切成 2cm 塊狀，生薑切絲，與黑醋一起倒入鍋中，以小火加熱 3 分鐘左右備用〔c〕。

3. 米飯放在稍大的盤子上，搭配上作法 1、作法 2 的食材，即可完成。

memo

● 想要「代謝含醣量」，得靠大量的豬肉與抗氧化蔬菜；將多穀米加入糙米中可增加食物纖維，相較於相同分量的糙米，更能減緩血糖上升速度。
● 低醣且營養價值高的酪梨，一經加熱更能品嚐到濃郁風味。

牛肉

Beef Recipe

烤牛肉佐蒸蔬菜

減肥期間最好吃高蛋白質、低醣、低脂的牛瘦肉，
內含的左旋肉鹼可增加平時不易攝取到的鐵質，並有效提升代謝！

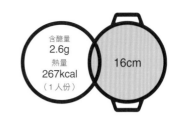

含醣量 2.6g
熱量 267kcal
（1人份）

16cm

材料（4人份）

牛腿肉…400g

A ‖ 青花菜…1/2 株（100g）
‖ 紅蘿蔔…1/2 條（75g）
‖ 蕪菁…1 個（70g）

橄欖油…2 大匙
鹽…1/2 小匙
黑胡椒…適量

作法

1. 將從冷藏拿出的牛肉放在室溫下 1 小時左右。把 1 大匙橄欖油和牛肉倒入鍋中，撒上鹽〔a〕。蓋上鍋蓋以小火加熱 5 分鐘左右。

2. 打開鍋蓋後翻面〔b〕，再繼續加熱 5 分鐘左右，即可取出。將牛肉裝入保鮮袋等容器中靜置到放涼為止，再放入冷藏庫冷藏。最後切成方塊狀。

3. 1 大匙橄欖油倒入作法 2 的鍋中，放入切成適口大小的材料 A，撒上少許鹽（額外）〔c〕，蓋上鍋蓋以中火加熱。加熱 3 分鐘左右後熄火，打開鍋蓋拌勻一下，再次蓋上鍋蓋靠餘熱悶 5 分鐘左右。

4. 作法 2 與作法 3 盛盤，並依個人喜好撒上橄欖油（額外）、黑胡椒。

memo
- 鐵質搭配維生素 C、蛋白質後吸收效果更好；十分推薦與青花菜或菠菜等蔬菜一起享用。
- 放涼後切成極薄片或方塊狀，看起來不但澎湃又能增加口感。

a

b

c

牛筋馬鈴薯燉肉

大量的牛筋與蒟蒻加少量的馬鈴薯，
將經典菜色馬鈴薯燉肉變化成減醣料理。

含醣量
23.0g
熱量
260kcal
（1 人份）

20cm

材料（4 人份）

牛筋…300g
馬鈴薯…小的 2 個（300g）
洋蔥…1 個（200g）
紅蘿蔔…1 條（150g）
蒟蒻絲…1 包（100g）
燒酎…2 大匙
橄欖油…1 大匙

A ║ 醬油…2 大匙
　 ║ 味醂…2 大匙

作法

1. 把牛筋放入鍋中，倒入大量的水（額外）與燒酎後以中火加熱，待沸騰後蓋上鍋蓋，轉成極小火加熱 40 分鐘左右；熄火後不開蓋直到放涼〔a〕，最後放在瀝水盆上瀝乾水分。

2. 馬鈴薯切 4 等分，洋蔥切 6 等分的月牙形，紅蘿蔔切滾刀塊。蒟蒻絲倒進瀝水盆裡，淋上熱水後將水分瀝乾。

3. 依序將橄欖油、洋蔥、牛筋、紅蘿蔔、蒟蒻絲疊放於鍋中後倒入材料 A〔b〕，蓋上鍋蓋以中火加熱。

4. 待蒸氣從鍋蓋縫隙冒出後轉成極小火，加熱 30 分鐘左右。打開鍋蓋，倒入馬鈴薯〔c〕後攪拌一下，蓋上鍋蓋後轉回中火，待蒸氣從鍋蓋縫隙冒出後轉成極小火，加熱 10 分鐘左右。熄火後再攪拌一下，靜置到放涼為止。

memo

● 牛筋屬於高蛋白質且脂質較少的部位，含有很多膠原蛋白肉質偏硬，但是經過燉煮之後就會變得軟嫩。

Beef Recipe

牛筋滷白蘿蔔

白蘿蔔是最代表性的低醣蔬菜，
切大塊更顯分量，
記得劃上刀痕，能更快入味。

含醣量
3.7g
熱量
138kcal
（1 人份）

20cm

材料（4 人份）

牛筋…300g

白蘿蔔…1/2 條（500g）

日本柚子…1/2 個（100g）

燒酎…2 大匙

鹽…1/2 小匙

水…100ml

作法

1. 白蘿蔔切成 4 等分，去皮後劃上刀痕〔a〕；柚子皮切絲。

2. 牛筋依照前一頁作法 1 的要領，事先煮熟，放在瀝水盆上瀝乾水分。

3. 牛蘿蔔、牛筋、鹽倒入鍋中〔b〕，蓋上鍋蓋以小火加熱。待蒸氣從鍋蓋縫隙冒出後轉成極小火，加熱 20 分鐘左右，加水再轉成中火。待再度沸騰後打開鍋蓋轉成極小火，繼續加熱 20 分鐘左右。

memo

● 白蘿蔔建議使用中間較軟且辣味較少的部分。

Beef Recipe

薑燒牛肉

將蓋飯上調味容易偏甜的牛肉配料，
改成清爽的柚子胡椒口味，
靠日本大蔥與生薑讓身體暖呼呼，
能有效加強代謝喔！

含醣量
5.0g
熱量
266kcal
（1 人份）

20cm

材料（4 人份）
薄切牛腿肉片⋯300g
日本大蔥⋯1 根（150g）
生薑⋯2 塊（20g）

A‖醬油⋯1 大匙
‖味醂⋯1 大匙

柚子胡椒⋯1 小匙

作法

1. 牛肉切成 3cm 長、日本大蔥斜切
   成薄片、生薑切絲。

2. 材料 A 倒入鍋中，再倒入柚子胡
   椒化入鍋中，並倒入生薑、日本
   大蔥、牛肉〔a〕，蓋上鍋蓋後以
   中火加熱。

3. 待蒸氣從鍋蓋縫隙冒出後，再打
   開鍋蓋，用夾子攪拌直到牛肉煮
   熟為止。

a

memo
● 柚子胡椒是用柚子和青辣椒製成
的調味料。柚子內含「橘皮苷」，
具有改善血液循環的效果。

海鮮

Fish Recipe

酒蒸鯛魚

鯛魚內含牛磺酸可預防慢性病，
花蛤富含體內無法生成的礦物質，
一道蒸煮好美味。

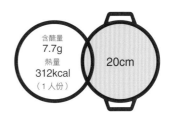

含醣量
7.7g
熱量
312kcal
(1人份)

20cm

材料（2人份）

鯛魚碎肉…1尾（約350g）

花蛤（帶殼）…200g

日本白蔥…1根（150g）

白菜…1/8個（250g）

酒…2大匙

橄欖油…1大匙

鹽…1小匙

作法

1. 鯛魚碎肉淋上熱水，再用水沖洗魚鱗
   及血，最後用廚房紙巾擦乾水分後撒
   上鹽（1/2小匙）。花蛤吐沙、日本
   大蔥切成5cm長，小白菜大略切成
   3cm塊狀〔a〕。

2. 橄欖油倒入鍋中以中火燒熱，待淡淡
   油煙冒出後倒入鯛魚油煎〔b〕，再
   暫時取出。用廚房紙巾將鍋中的油擦
   除，倒入日本大蔥、白菜，撒上鹽
   （1/2小匙），上面擺上鯛魚、花蛤
   後撒上酒〔c〕，再蓋上鍋蓋。

3. 待蒸氣從鍋蓋縫隙冒出後轉成極小
   火，燉煮30分鐘左右。

memo

● 礦物質是打造健康肌膚及秀髮不可或缺的美容成分，富藏在花蛤、海苔、堅果類
　等食物當中。

● 可以將米飯和蛋加入充滿鮮甜滋味的湯中煮成雜炊。

Fish Recipe

紅燒鰤魚

健康的和食也能靠蔬菜及菇類增加分量，
將低醣的魚類與營養滿分的春菊作搭配。

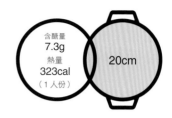

含醣量
7.3g
熱量
323cal
（1 人份）

20cm

材料（2 人份）
鰤魚切片…2 片（100g×2）
金針菇…1/2 包（100g）
春菊…1/2 把（100g）

A ║ 醬油…1 大匙
　 ║ 味醂…1 大匙
　 ║ 燒酎…1 大匙

作法

1. 金針菇切除根部，切成 5cm 長；
　 春菊充分洗淨，切成 5cm 長。

2. 材料 A 倒入鍋中，以中火煮滾後
　 放入鰤魚切片，金針菇放在一側
　 〔a〕，再蓋上鍋蓋。

3. 待蒸氣從鍋蓋縫隙冒出後轉成極
　 小火，加熱 3 分鐘左右再打開鍋
　 蓋，將金針菇集中後加入春菊，
　 熄火並蓋上鍋蓋，靠餘熱悶 3 分
　 鐘左右直到煮軟為止。

a

memo
● 春菊內含 β －胡蘿蔔素、維生素
　 K、鈣、葉酸，非常推薦女性多多
　 攝取。

青椒味噌鯖魚

使用方便料理的鯖魚罐頭與重點風味的青椒，
就像整塊的速成味噌鯖魚一樣。

含醣量
6.7g
熱量
253kcal
（1人份）

16cm

材料（2人份）
水煮鯖魚罐頭…1 罐
（200g・淨重 110g）
青椒…2 個（80g）
味醂…1 大匙
燒酎…1 大匙
味噌…1 大匙

作法

1. 青椒去籽後切絲。

2. 瀝乾水分的鯖魚、青椒倒入鍋中，
   再倒入味醂和燒酎〔a〕，蓋上鍋
   蓋後以中火加熱。

3. 待蒸氣從鍋蓋縫隙冒出後打開鍋
   蓋，將味噌化入湯中。

a

memo

● 青背魚內含 Omega-3 脂肪酸的 DHA
  與 EPA，都是很棒的減重營養素。

● 連骨帶肉都能吃的鯖魚罐頭，除了
  DHA 與 EPA 之外，還能攝取到鯖
  魚所有的營養。

Fish Recipe

牡蠣巧達濃湯

營養豐富的牡蠣有「海中牛奶」美稱，
搭配大量蔬菜之後，營養效果更加顯著。

含醣量
12.5g
熱量
136kcal
（1人份）

20cm

材料（4人份）
牡蠣…200g
日本大蔥…1根（150g）
菠菜…1把（200g）
鴻喜菇…1/2包（65g）
馬鈴薯…1個（150g）
豆漿（無糖、無添加物）…200ml
奶油…15g
鹽…1/2小匙

作法

1. 牡蠣倒入瀝水盆中，洗淨後瀝乾水分；
   日本大蔥切成1cm長，菠菜燙熟後切
   成5cm長；鴻喜菇切除根部後撕開；
   馬鈴薯去皮，切成1cm塊狀〔a〕。

2. 奶油倒入鍋中，再放入日本大蔥、鴻
   喜菇以中火拌炒。加入馬鈴薯，撒上
   鹽〔b〕，再蓋上鍋蓋。

3. 待蒸氣從鍋蓋縫隙冒出後轉成極小
   火，加熱10分鐘左右。再加入豆漿、
   菠菜、牡蠣〔c〕，並在沸騰前一刻
   熄火。

memo
- 巧達濃湯的濃稠度，利用馬鈴薯就能營造出自然的勾芡效果。未使用麵粉的結
  果，相對可以減少含醣量。
- 牡蠣有屬於胺基酸的「牛磺酸」，可發揮降低膽固醇的功效，這種水溶性的成分
  建議大家料理成燉菜或湯品，連湯汁一同享用。

Basic 基本菜色

油封旗魚

旗魚富含蛋白質，且含有優質脂肪，
仿照自製鮪魚料理，品嚐多汁鮮嫩好滋味，
還能變化多樣口味，是非常方便的常備菜。

含醣量
9.0g
熱量
421kcal
（1人份）

20cm
常備菜

材料（2片份）

旗魚…2片（100g×2）
特級冷壓橄欖油…2大匙
水…2大匙
鹽…1/4小匙
迷迭香…2枝

作法

1. 旗魚斜切對半，撒上鹽。

2. 橄欖油、水倒入鍋中以中火加熱，
   待沸騰後加入旗魚、迷迭香〔a〕，
   蓋上鍋蓋以極小火加熱1分鐘左
   右。打開鍋蓋翻面後再蓋上鍋蓋，
   熄火後靠餘熱悶熟。

a

memo

- 旗魚內含Omega-3脂肪酸的DHA
  與EPA，都是很棒的減重營養素。

- 煮旗魚時使用的橄欖油，請依個
  人喜好做選擇，食譜中則是使用
  了特級冷壓橄欖油增添風味。

含醣量
30.1g
熱量
363kcal
（1人份）

油封旗魚 *Arrange* 變化款

沙拉海苔捲

製成海苔捲，少量米飯就 OK ！
搭配豐富蔬菜，
可以避免飯後血糖升得太快。

材料（2人份）

油封旗魚…1 片
美乃滋…1 大匙
紅甜椒…1/2 個（75g）
海苔…2 片
紅葉萵苣…2 片（30g）
青紫蘇葉…4 片
蘿蔔嬰…1/2 包（20g）
橄欖油…2 小匙

A ‖ 醋…1 大匙
‖ 羅漢果糖…1 小匙

多穀飯…1 碗份（160g）

作法

1. 旗魚撕開，與美奶滋拌勻。甜椒切細，用橄欖油拌炒一下再放涼備用。材料 A 拌入溫熱米飯中。

2. 海苔放在保鮮膜上，上下分別預留 1cm 左右再將 1/2 碗份米飯鋪平，把紅葉萵苣、旗魚、甜椒、青紫蘇葉、蘿蔔嬰放在靠近自己這一側再捲起來。

3. 用保鮮膜捲起來靜置 5 分鐘左右，以沾濕的菜刀切成 8 等分，再取下保鮮膜。

memo
● 菜刀每次都要沾濕才好切。推薦大家使用切麵包的鋸齒刀來切。

油封旗魚 *arrange* 變化款

柯布沙拉

這道沙拉不但健康又吃得飽足，
搭配調味清爽的淋醬，
可以放心大快朵頤。

材料（2人份）

油封旗魚…1 片
小黃瓜…1 條（100g）
番茄…1/2 個（100g）
水煮雞蛋…1 個（60g）
紅腎豆（水煮）…100g
毛豆仁（水煮）…50g

A ‖ 帕馬森乾酪…30g
‖ 豆漿（無糖、無添加物）…70ml
‖ 特級冷壓橄欖油…1 大匙
‖ 鹽…1/4 小匙
‖ 黑胡椒…少許

作法

1. 油封旗魚、小黃瓜、番茄、水煮蛋切成 2cm 塊狀。

2. 材料 A 拌勻備用。

3. 作法 1 與豆類盛盤，淋上作法 2 的淋醬。

memo

● 淋醬加入小茴香粉和辣椒粉，就能調製出正統風味。

即食鮭魚肉

含醣量 2.3g
熱量 585kcal
（1人份）

16cm

鮭魚除了有知名的抗老成分「蝦紅素」之外，
還富含有益健康與美容的營養。

材料（1塊份）
鮭魚（生魚片用魚塊）…150g
蒜頭…1瓣
特級冷壓橄欖油…50ml
鹽…1/4小匙

作法
1. 鮭魚斜切成 4 等分，兩面撒上鹽；
   蒜頭切半。

2. 橄欖油、蒜頭倒入鍋中以小火加
   熱，待油泡從蒜頭冒出後，倒入
   鮭魚，再馬上翻面〔a〕，蓋上鍋
   蓋後熄火，直接靜置到放涼為止。

memo
- 使用料理用的鮭魚時，請參考油
  封旗魚的作法。
- 煮鮭魚時使用的橄欖油，請依個
  人喜好做選擇，食譜中則是使用
  了特級冷壓橄欖油增添風味。

含醣量
3.1g
熱量
395kcal
（1人份）

即食鮭魚肉 *arrange* 變化款

酪梨西洋芹
鮭魚夏威夷蓋飯

低醣的酪梨與鮭魚十分對味，
搭配在一起對改善皮膚健康很有幫助。

材料（2人份）
即食鮭魚肉…1/2 塊
酪梨…1 個（200g）
西洋芹…1/2 根（50g）

A ｜ 醬油…1 大匙
　｜ 麻油…2 小匙
　｜ 白芝麻…2 小匙

作法

1. 即食鮭魚肉稍微撕開成適口大小，酪梨切成 2cm 塊狀；西洋芹切絲。

2. 把作法 1 的食材與材料 A 拌一拌，即可完成。

memo
● 不管是搭配米飯上，或者加上蛋黃拌勻來吃都很美味。

材料（2 人份）

即食鮭魚肉…1/2 塊
即食鮭魚肉的橄欖油…一半的分量
檸檬…1 個（100g）
鹽…1/4 小匙
紫洋蔥…1/4 個（50g）
水芹或是個人喜好的香草…適量

作法

1. 檸檬榨成汁，倒入即食鮭魚肉的橄欖油和鹽，充分拌勻使之乳化（最好裝瓶手搖混合均勻）。

2. 紫洋蔥逆紋切片，洗淨後再瀝乾水分。即食鮭魚肉切成適口大小。

3. 在即食鮭魚肉的上面擺上紫洋蔥切片，淋上作法 1 後裝飾上水芹或是自己喜歡的香草即可。

memo

● 紫洋蔥的色素成分屬於多酚的「花青素」，這種水溶性色素泡水太久容易流失，清洗時要特別注意。

即食鮭魚肉　arrange 變化款

即食鮭魚肉檸檬醃菜

這道沙拉不但健康又吃得飽足，
搭配調味清爽的淋醬，
可以放心大快朵頤。

含醣量
4.1g
熱量
161kcal
（1 人份）

Part 2
副菜

想要維持均衡飲食，副菜的選擇非常重要！
除了「主菜」（以蛋白質為主的肉類、魚類等食
材）、「主食」（以碳水化合物為主的米飯、麵
包、麵類），再加上富含維生素、礦物質及食物
纖維的蔬菜、菇類、豆類等食材料理而成的副菜，
每日積極攝取，才能餐餐營養滿分。

Vegetable & Seafood Recipe

清蒸蕪菁蝦仁

蕪菁簡單清蒸後，即可品嚐入口即化的口感與甜味，
再搭配低醣的蝦仁，才能攝取更多蛋白質！

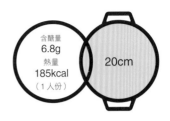

材料（2人份）

蕪菁…5個（350g）

蝦仁…200g

蘘荷…2根（40g）

橄欖油…1 大匙

鹽…1/2 小匙

作法

1. 蕪菁去皮後切成4等分的月牙形、蝦仁切成 1cm 長、蘘荷切絲。

2. 橄欖油、蕪菁、蝦仁倒入鍋中，撒上鹽，攪拌一下〔a〕再蓋上鍋蓋以中火加熱。

3. 待蒸氣從鍋蓋縫隙冒出後攪拌一下，再次蓋上鍋蓋後轉成極小火，加熱 5 分鐘左右，最後放上蘘荷擺盤裝飾。。

a

memo

● 蕪菁葉屬於黃綠色蔬菜，內含優異的營養素。加油一同烹調，更能有效攝取到營養，所以也可將蕪菁葉切碎後加入料理當中。

● 蘘荷內含的辛辣成分「mioga-dial」，具有預防手腳冰冷的作用。

Vegetable & Beef Recipe

白蘿蔔牛排

以 Staub 鑄鐵鍋取代平底鍋，
牛排建議用腿肉或菲力等脂肪含量少的部位。

含醣量
4.0g
熱量
288kcal
(1人份)

20cm

材料（2人份）

白蘿蔔…1/4 條（250g）

牛排…2 片（1 片約 80g）

橄欖油…2 大匙

鹽…1/2 小匙

黑胡椒…適量

西洋菜（可省略）…適量

作法

1. 白蘿蔔切成 4 等分的輪狀後去皮，用菜刀劃出細格子狀〔a〕。橄欖油（1 大匙）倒入鍋中以中火燒熱，待淡淡油煙冒出後放入白蘿蔔油煎，上色後翻面再撒上鹽（1/4 小匙）。

2. 蓋上鍋蓋後轉成極小火，加熱 15 分鐘左右。

3. 取出白蘿蔔，倒入橄欖油（1 大匙）後以中火燒熱。待淡淡油煙冒出後放入撒上鹽（1/4 小匙）的牛肉，兩面分別油煎 30 秒後取出，用鋁箔紙包起來靜置 5 分鐘左右。放入作法 2 的白蘿蔔再次加熱，搭配上牛排，全部撒上黑胡椒。最後依個人喜好裝飾上西洋菜。

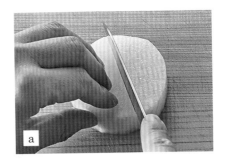

a

memo

● 牛排（例如腿肉等）請放在常溫下 15 分鐘左右再烹調。

● 用鋁箔紙包起來，避免分切時肉汁流出。

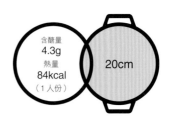

含醣量
4.3g
熱量
84kcal
（1 人份）

20cm

Vegetable Recipe

橄欖油蒸高麗菜

這種作法最能展現高麗菜的原味，
用 Staub 鑄鐵鍋慢慢燉煮出鮮甜滋味。

材料（2 人份）
高麗菜…1/4 個（250g）
橄欖油…1 大匙
鹽…1/4 小匙
黑胡椒…適量

作法
1. 高麗菜從中間切半。

2. 橄欖油倒入鍋中，以中火燒熱，
   放入高麗菜並油煎至上色後翻面
   再撒上鹽，然後蓋上鍋蓋。

3. 待蒸氣從鍋蓋冒出後轉成極小
   火，加熱 15 分鐘左右。再次以中
   火加熱，撒上適量（額外）的黑
   胡椒與特級冷壓橄欖油。

memo
● 高麗菜保留菜芯下鍋油煎，才不容
  易散開。
● 高麗菜內含的辛辣成分，經加熱後
  就會轉變成甜味。

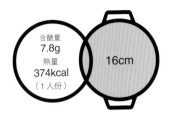

含醣量 7.8g
熱量 374kcal
（1 人份）

16cm

Vegetable & Seafood Recipe

蒜味高麗菜
油漬沙丁魚

油漬沙丁魚也可以用
魩仔魚或蝦子取代，
拌著義大利麵享用也很美味。

材料（2 片份）
高麗菜…1/4 個（250g）
蒜頭…1 瓣
油漬沙丁魚…1 罐（90g）
小番茄…8 個（80g）
特級冷壓橄欖油…3 大匙
鹽…1/4 小匙

作法
1. 高麗菜切成 3cm 塊狀、蒜頭切片。

2. 蒜頭、橄欖油、高麗菜、鹽、油漬沙丁魚、小番茄倒入鍋中，蓋上鍋蓋以小火加熱。

3. 加熱 10 分鐘左右，打開鍋蓋攪拌一下，轉成極小火再加熱 5 分鐘左右。

memo
- 油漬沙丁魚就是用油醃漬沙丁魚，營養價值非常高，鮮甜滋味與營養也全部溶於油中。

含醣量
0.5g
熱量
43kcal
（1人份）

20cm

Vegetable Recipe

芝麻黃豆芽

推薦這道簡單熟食給
大家當作常備菜，
將豬肉或雞肉切小塊
拌在一起口感更佳。

材料（4人份）
黃豆芽…1 包（200g）

A ‖ 白芝麻醬…1 大匙
‖ 醬油…2 小匙

作法

1. 黃豆芽洗淨後倒入鍋中，蓋上
   鍋蓋以中火加熱。

2. 加熱 5 分鐘左右，打開鍋蓋
   攪拌一下，再次蓋上鍋蓋後熄
   火，靠餘熱悶 3 分鐘左右。

3. 放在瀝水盆上瀝乾水分，與充
   分拌勻的材料 A 拌一拌即可。

memo
- 芝麻有效抗氧化的「芝麻木酚
  素」，有助於預防慢性病。
- 保存時間：冷藏 2～3 天。

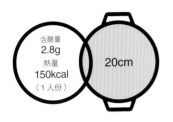

含醣量
2.8g
熱量
150kcal
（1人份）

20cm

Vegetable & Seafood Recipe

蒜油炒豆苗豆芽菜

發芽蔬菜不僅低醣，
且營養價值高，
豆苗簡單炒一下就很美味，
減醣族可以多吃喔！

材料（2人份）

豆苗…1 包（130g）
豆芽菜…1 包（200g）
蒜頭…1 瓣
紅辣椒…1 條
特級冷壓橄欖油…2 大匙
鹽…1/4 小匙

作法

1. 豆苗切除根部，再對半切。豆芽菜洗淨後放在瀝水盆上，將水分瀝乾。蒜頭切片，紅辣椒去籽。

2. 橄欖油、紅辣椒、蒜頭倒入鍋中以小火加熱，待爆香後，加入豆芽菜、豆苗攪拌一下，再蓋上鍋蓋轉成中火。

3. 加熱 2 分鐘左右之後打開鍋蓋，用鹽調味後即可。

memo

● 豆苗內含的營養成分，加上油一同烹調更能有效攝取，使用
● 胡麻油取代橄欖油就會變成中式料理。

小茴香炒甜椒

紅甜椒含有豐富的維生素 C，美味又健康，
經過油炒後，維生素的吸收率會更好，別用清燙的喔！

含醣量
4.2g
熱量
78kcal
（1人份）

16cm

材料（2人份）

紅甜椒…1個（150g）
小茴香籽…2小匙
橄欖油…1大匙
鹽…1/4小匙

作法

1. 甜椒去籽後切成絲。

2. 橄欖油、小茴香籽倒入鍋中以小火加熱，待爆香後加入甜椒、鹽，攪拌一下〔a〕再蓋上鍋蓋，以中火加熱。

3. 待蒸氣從鍋蓋縫隙冒出後，將鍋蓋打開後取出。

memo

● 小茴香籽油炒過後才能將香氣釋放出來。

紅蘿蔔鮭魚

讓鹽漬鮭魚的鮮甜滋味與鹽分融入紅蘿蔔中，
是道很好運用的常備菜。

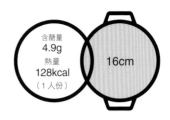

含醣量
4.9g
熱量
128kcal
（1人份）

16cm

材料（2人份）

鹽漬鮭魚…1片（70g）

紅蘿蔔…1條（150g）

燒酎…1大匙

白芝麻…2小匙

作法

1. 紅蘿蔔切絲後，和鮭魚一起倒入
   鍋中，撒上燒酎〔a〕，蓋上鍋蓋
   以中火加熱。

2. 待蒸氣從鍋蓋縫隙冒出後打開鍋
   蓋攪拌一下，再次蓋上鍋蓋後轉
   成極小火，加熱3分鐘左右。

3. 打開鍋蓋，除去魚骨與魚皮後，
   將魚肉弄散並攪散拌勻，再撒上
   白芝麻。

a

memo

- 紅蘿蔔的「β－胡蘿蔔素」會在體
  內轉換成維生素A，有助於維持皮
  膚及黏膜的健康。
- 保存時間：冷藏2～3天。

含醣量
1.6g
熱量
24kcal
（1人份）

16cm

Vegetable Recipe

蘆筍舞菇芝麻拌菜

芝麻拌菜的甜味來源改用羅漢果糖，
滿足甜味需求還能揮別罪惡感；
推薦大家可用四季豆或秋葵
取代蘆筍入菜。

材料（2人份）
蘆筍…3根（60g）
舞菇…1/2包（60g）
鹽…適量

A ‖ 黑芝麻粉…1大匙
　‖ 醬油…2小匙
　‖ 羅漢果糖…1小匙

作法

1. 蘆筍切除下方較硬的部分3cm左
   右，再斜切成薄片。舞菇撕開。

2. 作法1倒入鍋中，撒上少許鹽，
   蓋上鍋蓋後以中火加熱2分鐘左
   右。攪拌一下後熄火，再次蓋上
   鍋蓋，靠餘熱悶3分鐘左右。

3. 與材料A拌勻後即可完成。

memo
● 蘆筍內含的天門冬醯胺，能消除疲勞
　的胺基酸，是恢復體力的好幫手。

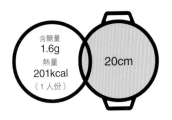

含醣量
1.6g
熱量
201kcal
（1 人份）

20cm

Vegetable Recipe

青花菜堅果溫沙拉

青花菜富含維生素，
再搭配上營養滿分的堅果一同享用。

材料（2 人份）
杏仁…15g
青花菜…1 個（200g）
特級冷壓橄欖油…2 大匙
鹽…1/4 小匙
帕馬森乾酪…5g

作法
1. 杏仁大略切碎、青花菜分成小株
   後充分洗淨。

2. 杏仁倒入鍋中，以中火一面攪拌
   一面乾煎至炒香為止。倒入橄欖
   油、青花菜、鹽後攪拌一下。

3. 蓋上鍋蓋再轉成極小火，加熱 2
   分鐘左右後熄火。攪拌一下，撒
   上磨碎的帕馬森乾酪，再次蓋上
   鍋蓋後靠餘熱悶 5 分鐘左右就可
   完成。

memo
● 備受歡迎的青花菜屬於低醣蔬菜，
　除了內含維生素外，更具有高度抗
　氧化成分。

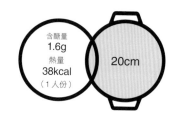

含醣量
1.6g
熱量
38kcal
（1人份）

20cm

Vetable Recipe

清燉小松菜

葉菜類熟的速度快，
是可以快速料理好的副菜首選。

memo

● 菊花內含「綠原酸」，這種多酚可
有效預防慢性病，不妨嘗試看看。

材料（2人份）

小松菜…1/2 把（150g）
食用菊花…20g
蝦米（或是櫻花蝦）…10g
水…100ml
柴魚片…2.5g
醬油…1 大匙

作法

1. 小松菜充分洗淨，切成 3cm 長；
   菊花撕開。

2. 蝦米、水、柴魚片、醬油倒入鍋
   中，上面擺上小松菜，蓋上鍋蓋
   後以中火加熱。

3. 待蒸氣從鍋蓋縫隙冒出後打開鍋
   蓋，熄火再倒入菊花拌勻即可。

含醣量
5.2g
熱量
194kcal
（1人份）

16cm

Vegetable Recipe

章魚炒秋葵

簡單調味後即可短時間完成的料理，
同時能凸顯出章魚和秋葵的
鮮豔色澤與口感。

材料（2人份）
章魚（水煮）…200g
秋葵…6 根
番茄乾…8 個
橄欖油…1 大匙
鹽…1/4 小匙

作法
1. 章魚切成 2cm 寬，秋葵切除蒂頭。

2. 橄欖油、番茄乾、章魚、秋葵放入鍋中，撒上鹽，蓋上鍋蓋後以中火加熱。

3. 待蒸氣從鍋蓋縫隙冒出後，攪拌一下再熄火。

memo
● 番茄乾濃縮了鮮甜滋味，若無能用小番茄代替，還可以加入橄欖或酸豆也很美味。

紫高麗菜蝦米溫醃菜

善用蝦米釋出的美味高湯與芥末醬的酸味，
成就這道風味順口的溫醃菜。

含醣量 6.0g
熱量 129kcal
（1 人份）

20cm

材料（2 人份）
紫高麗菜…1/4 個（250g）
蝦米（或是櫻花蝦）…10g
橄欖油…1 大匙
芥末籽醬…1 大匙
鹽…1/4 小匙

作法

1. 紫高麗菜切成 5mm 寬。

2. 橄欖油、蝦米、高麗菜倒入鍋中，撒上鹽〔a〕，蓋上鍋蓋後以中火加熱。

3. 待蒸氣從鍋蓋縫隙冒出後熄火，加入芥末籽醬拌勻就完成了。

memo

● 用普通的高麗菜料理吃起來也很美味。

● 紫高麗菜內含花青素，具有抗氧化作用，有助於肝功能，還能消除眼睛疲勞。而且這種水溶性維生素經油炒後更能有效攝取。

紫洋蔥鯖魚醃菜

濃縮鮮甜滋味與營養的鹽漬鯖魚，

搭配上紫洋蔥，不用加鹽就能活用食材美味煮出好味道。

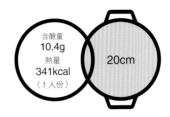

含醣量
10.4g
熱量
341kcal
（1 人份）

20cm

材料（2 人份）

紫洋蔥…1 個（200g）

鹽漬鯖魚…半身 1 片（150g）

小番茄…4 個（40g）

酒…2 大匙

橄欖油…1 大匙

米醋…2 大匙

a

作法

1. 紫洋蔥逆紋切成 1cm 寬片狀、鯖魚切成 4 等分、小番茄切半。

2. 橄欖油倒入鍋中，以中火燒熱，倒入紫洋蔥拌炒。待炒軟後倒入鯖魚，撒上酒，蓋上鍋蓋。

3. 待蒸氣從鍋蓋縫隙冒出後，轉成極小火，加熱 5 分鐘左右，夾放到鐵盤等容器，放入小番茄，撒上米醋，蓋上保鮮膜〔a〕後，靜置 30 分鐘左右讓醃漬入味。

memo

● 紫洋蔥除了含有一般洋蔥內含的營養，還有紫色的抗氧化成分「花青素」；花青素一遇到酸就會呈現鮮豔的色澤，讓這道醃漬菜色看起來色彩豐富。

含醣量
6.2g
熱量
93kcal
（1人份）

20cm

Vegetable Recipe

清燉雙茄

煮好的茄子多汁又軟，
就算冷掉了再吃也一樣美味。

材料（4人份）
茄子⋯4條（280g）
番茄⋯1個（200g）
洋蔥⋯1/2個（100g）
蒜頭⋯1瓣
橄欖油⋯2大匙
鹽⋯1/2小匙

作法

1. 茄子切除蒂頭，表皮縱向切成3段左右；番茄切成1cm塊狀；洋蔥、蒜頭切末。

2. 橄欖油、茄子倒入鍋中，以中火加熱後輕輕拌炒。待上色後，加入番茄、洋蔥、蒜頭，撒上鹽，攪拌一下再蓋上鍋蓋。

3. 待蒸氣從鍋蓋縫隙冒出後，轉成極小火，加熱10分鐘左右。熄火再攪拌一下，蓋上鍋蓋後靠餘熱悶10分鐘左右。

memo
● 茄子的紫色屬於多酚的「花青素」，將油包覆在表面拌炒之後，色澤會更加鮮豔。

含醣量
5.8g
熱量
212kcal
（1 人份）

16cm

Vegetable Recipe

燒烤卡布里沙拉

番茄加熱後更加鮮甜，
配上健康的麵包也十分對味。

材料（2 片份）
番茄…1 個（200g）
莫札瑞拉起司…1 個（100g）
橄欖油…1 大匙
羅勒…3 片
鹽…1/4 小匙

作法

1. 番茄切除蒂頭，對半橫切，再切
   成 1cm 寬，莫札瑞拉起司也依照
   相同作法切開。

2. 橄欖油倒入鍋中以中火燒熱，番
   茄斷面朝下放入鍋中，撒上鹽，
   蓋上鍋蓋。

3. 待蒸氣從鍋蓋縫隙冒出後熄火，
   擺上莫札瑞拉起司。再次蓋上鍋
   蓋後靠餘熱悶 2 分鐘左右。最後
   再裝飾撕碎的羅勒葉。

memo
● 番茄的「番茄紅素」加油一起烹調
  的話，吸收效果更好。
● 若擔心起司的鹽分含量高，可選用
  含鹽量較少的莫札瑞拉起司。

含醣量
23.8g
熱量
211kcal
（1 人份）

20cm

Vegetable Recipe

義大利雜菜湯

最適合忙碌的早晨享用！
靠大量蔬菜攝取蛋白質和適度的醣質。

材料（4 人份）
洋蔥…2 個（400g）
紅蘿蔔…1/2 條（75g）
南瓜…1/8 個（250g）
生薑…1 塊（10g）
水煮番茄罐頭…1 罐（400g）
蒸大豆…1 包（120g）
橄欖油…1 大匙
鹽…1/2 小匙
水…200ml

作法
1. 洋蔥、紅蘿蔔、南瓜切成 1cm 塊狀；生薑切末。

2. 橄欖油、洋蔥、紅蘿蔔、生薑倒入鍋中，以中火充分拌炒。待炒軟後倒入南瓜、大豆、水煮番茄罐頭、鹽，攪拌一下再蓋上鍋蓋。

3. 待蒸氣從鍋蓋縫隙冒出後轉成極小火，加熱 20 分鐘左右。加水後再次以中火加熱至沸騰為止。

memo
- 即使少了碳水化合物，也能靠口感佳的南瓜獲得滿足感。
- 番茄會使身體冷卻，要搭配生薑一同享用。

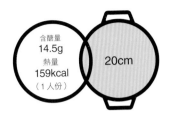

含醣量
14.5g
熱量
159kcal
（1 人份）

20cm

Vegetable Recipe

南瓜大豆醃菜

南瓜用小火慢慢蒸熟釋出甜味，
與大豆一起醃拌後營養效果倍增！

材料（4 人份）
洋蔥…1/2 個（100g）
南瓜…1/8 個（250g）
蒸大豆…1 包（120g）
橄欖油…1 大匙
鹽…1/2 小匙
米醋…2 大匙

作法

1. 洋蔥、南瓜切成 1cm 塊狀。

2. 橄欖油、洋蔥、南瓜倒入鍋中，
   撒上鹽攪拌一下，蓋上鍋蓋後以
   小火加熱。

3. 加熱 10 分鐘左右，攪拌一下，再
   次蓋上鍋蓋後以極小火加熱 5 分
   鐘左右。熄火，靠餘熱悶 10 分鐘
   左右，再倒入大豆、米醋拌勻。

memo
● 南瓜及大豆燉煮後容易使含醣量及
  鹽分增加，所以也要學會燉煮料理
  以外的食譜才會更有幫助。

油豆腐琉球雜炒

低醣食材疊放後，以吸收營養精華的油豆腐作主角，
用 Staub 鑄鐵鍋迅速拌炒，是能快速上桌的健康料理。

含醣量
4.1g
熱量
129kcal
（1人份）

20cm

材料（4人份）

紫油豆腐…1片（150g）
青椒…2個（80g）
紅蘿蔔…1/2條（75g）
洋蔥…1/2個（100g）
雞蛋…1個
油…1大匙
醬油…1大匙
柴魚片…2.5g

作法

1. 油豆腐切成適口大小；青椒切半後去籽，再切成一半；紅蘿蔔切成3cm長的細絲、洋蔥順紋切成薄片。

2. 油、洋蔥、紅蘿蔔、青椒、油豆腐倒入鍋中〔a〕，蓋上鍋蓋後以中火加熱。

3. 待蒸氣從鍋蓋縫隙冒出後打開鍋蓋，倒入醬油，雞蛋打入鍋中，攪拌至雞蛋煮熟為止。最後撒上柴魚片。

memo

● 如果是夏天的話，很推薦加上苦瓜入菜。

Soy Recipe

油豆腐比薩

將油豆腐烹調成比薩風味的能量料理，
可以同時攝取到植物性蛋白質、魚類及乳製品。

材料（4 人份）

油豆腐…1 片（150g）
青椒…1/2 個（20g）
鮪魚罐頭…1 罐（淨重 60g）
比薩起司…30g

作法

1. 油豆腐對半橫切、青椒去籽，切成輪狀；鮪魚罐頭瀝除湯汁後撕開。

2. 鍋中鋪上鋁箔紙，擺上油豆腐，再放上鮪魚、起司、青椒〔a〕。

3. 蓋上鍋蓋後以中火加熱 5 分鐘左右，接著轉成極小火，加熱至起司融化為止。

memo

● 油豆腐含醣量比豆腐低，且含有維生素 E、異黃酮和葉酸，十分推薦給女性。在意熱量的人，事前準備時可淋上熱水，就能減少多餘的油脂含量。

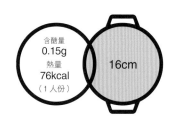

含醣量
0.15g
熱量
76kcal
（1人份）

16cm

Egg Recipe

水煮蛋

用少量水蒸熟的水煮蛋，
含有優質蛋白質，
是最具代表性的低醣食材！

材料（4人份）
雞蛋⋯4 個

作法

1. 蛋放入鍋中，淋上 1cm 左右的
   水，蓋上鍋蓋後以中火加熱。

2. 待蒸氣從鍋蓋縫隙冒出後轉成極
   小火，加熱 5 分鐘，再悶 5 分鐘
   （上圖）。如果想吃半熟的口感，
   則加熱 3 分鐘後熄火，再悶 3 分
   鐘就好。（下圖）。

memo

● 想煮成全熟蛋時，須加熱 7 分鐘、
  再悶 7 分鐘。

含醣量 3.1g
熱量 384kcal
（1人份）

16cm

Egg Recipe

入口即化歐姆蛋

蛋加鮪魚的組合，
堪稱減肥聖品，
請用湯匙舀起來享用。

材料（2人份）
雞蛋…4 個
牛奶…100ml
比薩起司…30g
鮪魚罐頭…1 罐（淨重 60g）
奶油…15g
黑胡椒…少許

作法

1. 蛋打散，倒入牛奶、起司、瀝乾的鮪魚、黑胡椒後拌勻。

2. 奶油倒入鍋中，以中火燒熱，待融溶化後鍋子側邊也要用奶油潤鍋。待淡淡油煙冒出後倒入作法1，以料理筷攪拌均勻，煮至半熟狀後蓋上鍋蓋，再加熱 3 分鐘左右。

memo
● 鮪魚有名為「BCAA（支鏈胺基酸）」的胺基酸，可用來維持肌肉量。

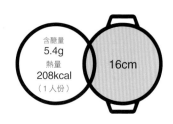

含醣量
5.4g
熱量
208kcal
（1人份）

16cm

Egg Recipe

雞蛋什錦燒

未使用麵粉的什錦燒，
加入大量高麗菜增加口感。

材料（2人份）
高麗菜…1/8 個（125g）
雞蛋…2 個
蝦米…5g
柴魚片…2.5g
豆渣粉…5g
油…1 大匙

A ┃ 什錦燒醬…1 大匙
　 ┃ 美奶滋…2 小匙
　 ┃ 柴魚片…少許
　 ┃ 青海苔…少許

作法

1. 高麗菜切絲。蛋、蝦米、柴魚片、豆渣粉倒入調理盆中，充分拌勻。

2. 油倒入鍋中以中火燒熱，待淡淡油煙冒出後倒入作法 1 整平，蓋上鍋蓋以中火加熱 3 分鐘左右，轉成極小火再加熱 10 分鐘左右。

3. 翻面後盛盤，分別撒上材料 A 就完成了。

memo
● 最後加上的什錦燒醬、美乃滋，在減脂期間應該減量使用。

含醣量
2.9g
熱量
249kcal
（1 人份）

16cm

Egg Recipe

高麗菜鳥窩蛋

不僅很快就能做好，
有充分的蛋白質，
最適合做成早餐享用！

材料（2 人份）
高麗菜…1/8 個（125g）
雞蛋…2 個
培根…50g
小番茄…2 個（20g）
橄欖油…1 大匙
鹽…1/4 小匙

作法

1. 高麗菜切絲，培根切成 1cm 寬，
   小番茄切半。

2. 橄欖油倒入鍋中後，再倒入高麗
   菜、培根、鹽，攪拌一下，上面
   再打入雞蛋。擺上小番茄，蓋上
   鍋蓋後以中火加熱。

3. 待蒸氣從鍋蓋縫隙冒出後轉成極
   小火，加熱 3 分鐘左右。

memo

● 高麗菜內含維生素 U（類維生素物
質，碘甲基甲硫基丁氨酸），很怕
遇到熱，因此建議料理時不要炒太
久。

金針菇香蒜醬

加入蒜頭之後，就可以強化金針菇的維生素 B_1 效果，
維生素 B_1 是將含醣量轉化成能量的必需營養素，
對人體非常重要喔！

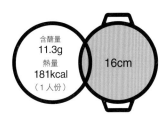

含醣量
11.3g
熱量
181kcal
（1人份）

16cm

材料（方便製作的份量）

金針菇…1 包（200g）

蒜頭…1 瓣

麻油…1 大匙

A ‖ 醬油…1 大匙
　　羅漢果糖…1 小匙

作法

1. 金針菇切除根部後切成3等分長，
　 再撕開；蒜頭切末。

2. 麻油、蒜頭、金針菇、材料 A 倒
　 入鍋中，攪拌一下〔a〕，蓋上鍋
　 蓋後以中火加熱。

3. 待蒸氣從鍋蓋縫隙冒出後熄火，
　 再攪拌一下。

a

memo

● 這款醬汁也可以淋在豆腐、肉類或
　 蔬菜上。

● 金針菇內含食物纖維「β－葡聚
　 醣」，切小一點才能有效攝取到營
　 養成分，另外還有「GABA」具有
　 緩解壓力的成分，目前十分受到矚
　 目。

雙菇義大利麵佐鯖魚

攝取碳水化合物時，應搭配具有食物纖維的食材！

加入大量菇類後，即便義大利麵減量也能吃得很有飽足感。

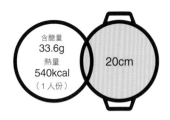

含醣量
33.6g
熱量
540kcal
（1 人份）

20cm

材料（2 人份）

金舞菇…1/2 包（60g）
金針菇…1 包（200g）
水煮鮪魚罐頭…1 罐
（200g・淨重 110g）
橄欖油…3 大匙
紅辣椒…1 根
醬油…1 大匙
義大利麵…80g（預先煮好）

作法

1. 舞菇、金針菇切除根部後撕開；
   紅辣椒去籽後用剪刀剪成輪狀。

2. 橄欖油、紅辣椒、舞菇、金針菇
   倒入鍋中，蓋上鍋蓋後以中火加
   熱。待蒸氣從鍋蓋縫隙冒出後打
   開鍋蓋，鯖魚罐頭連同湯汁倒入
   鍋中。

3. 倒入醬油〔a〕，煮滾一下，再加
   入煮好的義大利麵拌勻。

a

memo
● 舞菇屬於多孔菌科的菇類，富含食
  物纖維，有助於抑制餐後血糖值急
  速上升。
● 可以搭配白蔥絲作裝飾。

Part 3
主食

一提到減醣，也許會讓人聯想到「不能吃飯」，
但是本書以均衡飲食為目標，
建議大家早、午餐吃半碗主食，晚上再減量。
接著就來為大家介紹，
用 Staub 鑄鐵鍋烹煮白米、糙米、泰國米、
多穀米、炊飯的美味食譜。

白米

白米的煮法

晚上最好少吃米飯，

不過若是在早、午餐減量吃就沒問題！

用 Staub 鑄鐵鍋一下子就能煮出美味的米飯，

建議與多穀米一同炊煮，才能攝取到維生素、礦物質，

首先來了解如何用鑄鐵鍋煮出美味的米飯吧！

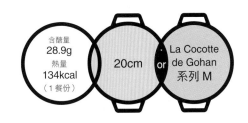

含醣量 28.9g
熱量 134kcal
（1餐份）

20cm or La Cocotte de Gohan 系列 M

材料（2杯份）

米…2杯
水…360ml

作法

1. 米洗淨後浸泡在適量的水中備用。靜置 15～20 分鐘左右，再倒在瀝水盆上靜置 5 分鐘左右〔a〕。

2. 把靜置完畢的米和水倒入鍋中，直接打開鍋蓋以中火加熱。

3. 整鍋沸騰出現大泡泡後〔b〕，用飯杓攪拌一下〔c〕，待整鍋再次澈底沸騰後，蓋上鍋蓋並轉成極小火加熱 10 分鐘。

4. 熄火悶 10 分鐘，用飯杓直接攪拌。

＜用 20cm 圓形鑄鐵鍋炊煮時＞

在作法 3 局部冒出大泡泡後〔a1〕，請從底部將整鍋米飯拌勻（20cm 圓形鑄鐵鍋的口徑較大，水分容易流失，若一直等到整鍋沸騰的話，水分會變少）。讓整鍋的溫度平均，才能全部煮熟。

＜用 La Cocotte de Gohan 炊煮時＞

memo

● 1 餐份以半碗飯（80g）為準。

119

糙米
泰國米
多穀米

多穀米的煮法

可簡單攝取到維生素及礦物質！
建議食用混合數種穀物的多穀米。

作法
參考白米的煮法，多加 30g
綜合穀物、30ml 水。

含醣量
31.4g
熱量
148kcal
（1餐份）

memo
● 除了加入白米裡，也能混進
糙米裡炊煮，增加黏彈口
感。

1 餐份以半碗飯（80g）為準。

糙米的煮法

糙米比起白米含有較多的食物纖維，
而且更具口感，
即使少量也能獲得飽足感。

含醣量
27.3g
熱量
132kcal
（1餐份）

材料（2 杯份）
米…2 杯
水…500ml
鹽…兩小撮

作法

1. 糙米洗淨後，浸泡在適量的水中
一個晚上（使用發芽糙米時不用
泡水也沒關係）。再倒在瀝水盆
上靜置 5 分鐘。

2. 將靜置完畢的米和水倒入鍋中，
直接打開鍋蓋以中火加熱。待沸
騰後打開鍋蓋繼續讓米飯沸騰 3
分鐘〔a〕，加鹽後用飯杓攪拌一
下〔b〕。

3. 蓋上鍋蓋以極小火加熱 30 分鐘，
悶 15 分鐘後攪拌一下〔c〕，再
繼續悶 15 分鐘。

memo

● 用 20cm 圓形鑄鐵鍋
炊煮時，請拉長悶
煮時間。

泰國米的煮法

泰國米黏度低、
咀嚼感偏硬，
含有大量的直鏈澱粉。

含醣量
28.6g
熱量
134kcal
（1餐份）

作法

煮法與白米相同。

memo

● 不用泡水就能炊煮，趕時間時相當方便。
● 炊煮時加入 1 大匙油，煮出來的飯會更加
鬆散。
● 米飯中內含的澱粉，有支鏈澱粉與直鏈澱
粉兩種，白米一般含有較多的支鏈澱粉，
而直鏈澱粉具有抗性澱粉（難以消化的澱
粉）的特性，可發揮抑制血糖值急速上升
的效果。

鯖魚罐頭
白蘿蔔咖哩香料飯

加入白蘿蔔增加分量，
還能做成方便食用的御飯糰當午餐。

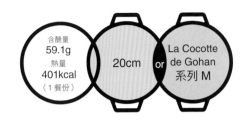

含醣量
59.1g
熱量
401kcal
（1餐份）

20cm or

La Cocotte
de Gohan
系列 M

材料（2杯份）

鹽米…2 杯
水…360ml
白蘿蔔…1/8 條（125g）
水煮鯖魚罐頭…1 罐
（200g・淨重 110g）
咖哩粉…2 小匙
橄欖油…1 大匙
鹽…1/2 小匙

作法

1. 米洗淨後浸泡在適量的水中備
   用。靜置 15 ～ 20 分鐘左右，再
   倒在瀝水盆上靜置 5 分鐘左右。
   白蘿蔔切成 1cm 塊狀。鯖魚罐頭
   瀝乾水分備用。

2. 橄欖油倒入鍋中以中火燒熱，倒
   入米、咖哩粉後輕輕拌炒〔a〕。
   等米熱了之後加入水、鹽。待大
   泡泡出現並沸騰後〔b〕攪拌一
   下，整鍋澈底沸騰後擺上白蘿蔔
   〔c〕，蓋上鍋蓋再轉成極小火加
   熱 15 分鐘。

3. 熄火後悶 10 分鐘，倒入鯖魚肉，
   再用飯杓直接攪拌即可完成。

memo

● 明知道對身體有益，卻覺得料理青背魚很麻煩的人，推薦使用魚類罐頭入菜。咖
  哩味可以蓋過青背魚的魚腥味，連骨頭一起吃下肚，可以同時攝取鈣質。

● 1 餐份以 1 碗飯（160g）為準。

Rice Recipe

鴻喜菇蘿蔔絲
乾梅干炊飯

將食物纖維多的食材加入主食裡，
可以在每日的飲食中輕輕鬆鬆抑制醣份的攝取量。

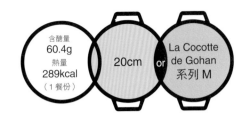

含醣量 60.4g
熱量 289kcal
（1 餐份）

20cm or La Cocotte de Gohan 系列 M

材料（2 杯份）

米…2 杯
水…360ml
鴻喜菇…1 包（130g）
蘿蔔乾絲…15g
梅干…2 個
柴魚片…2.5g

作法

1. 米洗淨後浸泡在適量的水中備用。靜置 15 ～ 20 分鐘左右，再倒在瀝水盆上靜置 5 分鐘左右。鴻喜菇切除根部後撕開。蘿蔔乾絲泡在適量的水 10 分鐘左右，擠乾水分，再切成 1cm 長。梅干去籽後撕小塊。

2. 作法 1 的米、水倒入鍋中，直接打開鍋蓋以中火加熱。待大泡泡出現並沸騰後〔a〕用飯杓攪拌一下〔b〕，整鍋澈底沸騰後，上面擺上蘿蔔乾絲、鴻喜菇、梅干〔c〕，蓋上鍋蓋再以極小火加熱 15 分鐘。

3. 熄火後悶 10 分鐘，倒入柴魚片，再用飯杓直接攪拌即可完成。

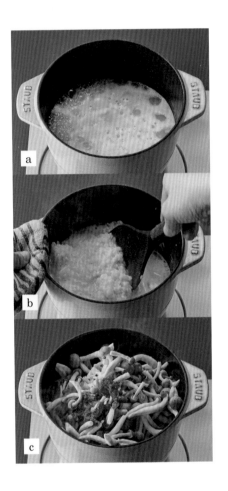

memo

● 蘿蔔乾絲富含鈣、維生素、鐵、食物纖維。泡發後還可以直接加入醃菜或沙拉中。

● 1 餐份以 1 碗飯（160g）為準。

Column

減醣甜點

忍住不吃甜食會感覺壓力很大的人，
偶而不妨犒賞自己來份甜點，
推薦大家享用低醣
或是能發揮整腸效果的甜食。

Sweet Recipe

低醣起司蛋糕

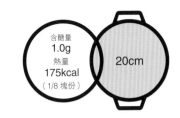

含醣量
1.0g
熱量
175kcal
（1/8 塊份）

20cm

整個 Staub 鑄鐵鍋直火燒烤，
完全不使用麵粉的低醣美味起司蛋糕食譜，
脂肪含量偏高，所以請切小塊分次享用。

材料（方便製作的分量）

奶油乳酪…200g
奶油（無鹽）…50g
羅漢果糖…40g
雞蛋…2 個
杏仁粉…30g

作法

1. 起司、奶油倒入調理盆中，輕輕
   包上保鮮膜後以微波爐加熱 30 秒
   （600W，時間不足的話，再分別加
   熱 10 秒觀察狀況）回軟。烘焙紙沾
   濕後擠乾水分，貼合鍋子鋪好備用
   〔a〕。

2. 羅漢果糖倒入作法 1 的調理盆中，
   用打蛋器拌勻，分別將雞蛋一顆顆
   倒入鍋中，每次倒入都要充分拌勻。
   再倒入杏仁粉，充分拌勻。

3. 作法 2 倒入鋪好烘焙紙的鍋中〔b〕，
   蓋上鍋蓋，以小火加熱 10 分鐘左
   右。轉成極小火，再加熱 20 分鐘左
   右。打開鍋蓋，待蛋糕像〔c〕這樣
   膨脹起來後熄火（還沒有膨脹起來
   的話，須延長加熱時間觀察狀況），
   靠餘熱直接悶熟，待稍微放涼後放
   入冷藏庫冰一個晚上，就可以拿出
   享用了。

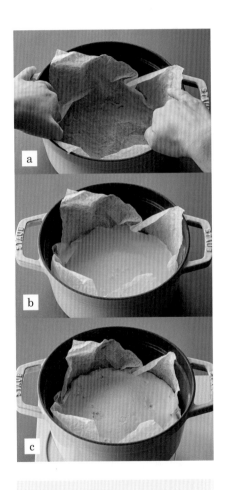

memo

● 也可以分小塊包上保鮮膜後，
　放入冷凍保鮮袋中，再冷凍起
　來保存。

● 可依個人喜好撒上糖粉。

豆漿布丁

用 Staub 鑄鐵鍋蒸布丁，短時間就很滑順。
再配上低醣的草莓與藍莓，
是一道快速又沒負擔的甜品！

含醣量
10.4g
熱量
108kcal
（1個份）

20cm

材料（4個份）

（約5cm口徑，容量150ml的耐熱容器）

豆漿（無糖、無添加物）…300ml
雞蛋…2個
羅漢果糖…40g
草莓…8個
藍莓…16個
蜂蜜…1大匙

作法

1. 豆漿倒入鍋中，以中火加熱直到蒸氣出現為止。草莓切成4等分，藍莓與蜂蜜拌一拌再放入冷藏庫冷藏。

2. 雞蛋、羅漢果糖倒入調理盆中，輕輕攪拌後倒入作法1的豆漿，再充分拌勻。過濾一次之後分成4等分倒入耐熱容器中。

3. 200ml水倒入鍋中，鋪上廚房紙巾。再蓋上鍋蓋以中火加熱。

4. 待蒸氣從鍋蓋縫隙冒出後將作法2排入鍋中〔a〕，蓋上鍋蓋再加熱1分鐘左右。熄火，直接靜置5分鐘左右。待蛋液表面凝固後，用手套等工具取出〔b〕，放在網架上，待稍微放涼後放入冷藏庫冷藏。最後放上作法1的水果。

memo
- 布丁蛋液變涼便難以凝固，所以倒入容器前動作要快。豆漿加熱過頭會分離，因此在沸騰的前一刻須熄火。
- 可在〔b〕過程尚未凝固的話須蓋上鍋蓋，以中火多加熱2分鐘左右。
- 也可以用牛奶取代豆漿。

地瓜餡

用小火慢蒸地瓜，再以羅漢果糖添加甜味，
冷卻後地瓜的澱粉將發揮令人滿意的效果！

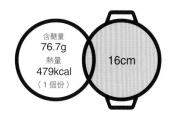

含醣量
76.7g
熱量
479kcal
（1個份）

16cm

材料（方便製作的分量）

地瓜…250g
羅漢果糖…2 大匙
牛奶…50ml
橄欖油…1 大匙

作法

1. 地瓜去皮，切小塊後洗淨一下。
   橄欖油倒入鍋中，再倒入地瓜與
   羅漢果〔a〕，攪拌一下後蓋上鍋
   蓋。

2. 以小火加熱，不時攪拌一下直到
   變軟為止再壓碎，加熱 10 ～ 20
   分鐘左右後離火。

3. 用牛奶調整軟硬度〔b〕，再依個
   人喜好倒入羅漢果糖〔額外〕調
   整甜度，最後放涼。

memo

- 牛奶的量請視地瓜的含水量增
  減。
- 可以放在布丁上，也可以直接
  用湯匙舀來吃。
- 地瓜內含抗性澱粉（難以消化
  的澱粉），能減緩血糖值上升，
  而且有助於維護腸道環境。

推薦的菜單

生活環境與身體狀況都會隨著季節而有所變化，應配合季節選用食材及設計菜單。
下列菜單範例是以每日合計的含醣量約 130g 為基準，納入早、中、晚三餐的主食
當中（照片為盛盤範例、詳細介紹請參閱各食譜頁面）。
關於主食的分量和次數，請依個人判斷進行調整。飲食期間的飲品，建議喝無咖啡
因的熱茶或溫開水。

春、夏篇

冬天飲食習慣所造成的影響，會在春天時顯現出來。由於溫差大，寒冷的日子
也多，在季節交替時期以及環境的變化之下，春季的身體狀況也容易變得不穩
定。夏季則是代謝會變差，容易發胖的時期，因為在這個季節舉凡冷氣空調、
冰涼食物及飲品等都會使身體冷卻，這方面的生活習慣應多加留意。

【建議多多主動選擇的食材】

蘘荷、木耳、雞里肌、毛豆，番茄、蘆筍、花蛤

- 食慾不振的夏天，應妥善運用有助消除疲勞、方便製作減鹽料理的蘘荷等香味蔬菜。
- 流汗後容易流失的礦物質成分，要靠菇類及貝類來補充。
- 尤其在專心減肥的時候，最好攝取花蛤這類低脂且富含優質蛋白質的食材。
- 炎炎夏日要多吃瓜科蔬菜（有助於冷卻身體的蔬菜）從身體內在好好降溫。

Breakfast

早餐的菜單範例

🍴 紙包三明治（P52）
🍴 義大利雜菜湯（P102）

　　紙包三明治的配料都是能先做起來保存的菜色，最好利用擅長餘熱烹調的 Staub 鑄鐵鍋在前一天晚上準備好，隔天早上再來享用，如果能在煮晚餐的時候一起備妥，更是輕鬆愉快。

　　「蛋白質」是早餐較不容易攝取到的營養素，藉由主食的「紙包三明治」、「義大利雜菜湯」，就能充分攝取到動物性、植物性的蛋白質。氣溫節節升高的季節，更要靠溫熱早餐展開美好的一天。

Lunch

午餐的菜單範例

🍴 能量滿點中式涼麵（P20）
🍴 豆漿布丁（P128）

　　午餐就要吃能夠快速完成的料理，備有切好即可生食的小黃瓜、番茄及芽菜就很方便；清蒸雞里肌裝入保鮮袋再撕開備用，是最方便的即食餐點。

　　「能量滿點中式涼麵」配料豐盛，充分咀嚼後很容易吃得很飽足；肚子有吃飽，就不容易嘴饞亂吃！甜點豆漿布丁，則要留到點心時間再享用。

Dinner

晚餐的菜單範例

🍴 番茄燉豬肉（P44）
🍴 章魚炒秋葵（P95）

　　「番茄燉豬肉」是能早上煮好備用的餘熱料理，晚上回家後只須再加熱即可；「章魚炒秋葵」倒入鍋中加熱就行了，即使分身乏術時也能馬上煮好。食材還能隨意變化，請試著運用冰箱裡的食材做做看。米飯分別用保鮮膜包好 1 人份，再用微波爐解凍即可食用；這份菜單的主菜、副菜都是分量十足，就算不吃飯也能吃得很滿足。用餐時間比較晚的人，建議再調整主食的分量！

秋、冬篇

聽說在「食慾之秋」，氣溫以及日照時間減少等因素都會對飲食造成影響。雖然說冬天是最容易瘦下來的季節，但在秋天則是含醣量、飲食量都容易增加的時期，所以切記在飲食上須多加留意，應積極攝取有助於代謝以及血液循環的維生素及礦物質。

【建議多多主動選擇的食材】

鮭魚、生薑、南瓜、青花菜、牡蠣、菇類、堅果類

- 有益健康與美肌的優質脂質應從鮭魚或青背魚中攝取。
- 內含抗氧化維生素、食物纖維的黃綠色蔬菜、菇類都要積極攝取。
- 想要控制食慾的人，不要隱忍，應選擇適當的烹調方式，留意脂質與蛋白質的攝取。
- 低醣且富含維生素及礦物質的堅果類，可在肚子有點餓的時候吃。

Breakfast

早餐的菜單範例

🍴 豬肉湯（P46）
🍴 高麗菜鳥窩蛋（P111）
🍴 納豆（現成市售）
🍴 多穀米（P120）

　　「豬肉湯」是能前一晚煮好備用的餘熱料理；「高麗菜鳥窩蛋」馬上就能完成，建議當作早餐享用。缺乏蛋白質的時候，再多加納豆即可；米飯改吃多穀米，就能同時攝取到礦物質。想要提升基礎代謝的人，早餐非常重要！低溫刺骨的早晨，應留意蛋白質的攝取，不妨喝些溫熱的湯品。

Lunch

午餐的菜單範例

🍴 柯布沙拉（P74）
🍴 地瓜餡（P130）
🍴 歐式麵包（現成市售）

　　減肥期間想來點甜食、快要禁不起誘惑的時候，請選擇午餐時來解饞，可以吃些口感十足的歐式麵包來提升滿足感。「柯布沙拉」可充分攝取到蛋白質，還能吃到各式各樣的蔬菜，堪稱營養滿分的菜色。如果當天晚餐很晚才吃的人，可以搭配橄欖油來取代「地瓜餡」，也十分推薦在點心時間將「地瓜餡」配著優格等食物一同享用。

Dinner

晚餐的菜單範例

🍴 牡蠣巧達濃湯（P70）
🍴 白蘿蔔牛排（P82）
🍴 多穀米（P120）

　　利用蒸白蘿蔔的時間來煮「牡蠣巧達濃湯」，也可以使用魚類或其他貝類來取代牡蠣，海鮮類很適合短時間烹調的料理。減肥期間要盡量維持身體感覺熱呼呼的，否則會使代謝變差，不容易瘦下來；牛瘦肉內含能溫熱身體、保持溫度的營養素，十分推薦給手腳容易冰冷的人。用餐時間會拖到很晚的人，一定要調整主食的分量。

Q & A

在努力「減醣」的日子裡時常會遇到的問題，通通彙整如下；吃得飽、吃得快樂，才能讓減醣飲食變成一種習慣並持續下去喔！

Q.

實行「減醣飲食減肥法」時，可以只減少含醣量嗎？

A. 最重要的是要「營養均衡」。

不可以只吃特定食物，或是極端節食，一定要隨時思考營養均衡的問題；減肥並不是「不吃東西」，關鍵在於要吃哪些東西。

很多人都是以減醣為第一優先，但在控制熱量攝取的同時，還是要營養均衡，像是完全不吃碳水化合物（過度減醣）過度偏食都不好，尤其應充分攝取蛋白質、維生素及礦物質。

Q.

點心最好在什麼時候吃？吃多少比較好？

A. 選擇吃了也不容易變胖的食物，在不容易變胖的時間吃。

請將點心想成是能夠補充營養素的飲食之一，以最多200kcal 為限，推薦大家吃些富含蛋白質及食物纖維、不容易影響血糖值的食物；建議在下午三點前後吃，據說這段時間的活動量大，不容易變胖。

另外，午餐與晚餐間隔較久的人，也可以在兩餐間吃點心，用這種方式防止晚餐吃太多，晚餐過後吃點心容易形成脂肪囤積在身上，所以基本上須少吃。不過減肥期間的點心，最重要的還是要控制次數及份量。

Q.

外食的話
該怎麼辦？

A. 外食可以趁機吃到
平時不易攝取到的營養！

請選擇食材數量多的菜色，以營養均衡為原則，內含「綠色（蔬菜、海藻）」、「紅色（肉、魚、蛋）」、「黃色（穀類）」的組合。魚類內含的脂質能攝取到有益身體的營養，但是肉類裡頭的脂質最好盡量少吃，另外建議大家最好選擇吸油率較低的不裹粉炸物，而黃色食物要小心不能吃太多。

切記吃到八分飽就好，現在也有愈來愈多家庭式餐廳，會在菜單上標示出熱量、含鹽量等，供大家參考。請小心定食或套餐裡有雙重碳水化合物的菜色（例如烏龍麵＋米飯、拉麵＋炒飯等）。

喝酒的話最好別喝啤酒，盡量選擇 Highball、無糖檸檬沙瓦、燒酎加水或熱水、葡萄酒等含醣量較低的酒類，養成習慣，喝了多少酒，就得要喝下相同分量的水。切記不能每天喝酒，要安排一天作為休肝日。而喝酒之後，最可怕的是會想一直搭食物來吃；想吃下酒菜的話，也請盡量選擇低醣食物。

Q.

和家人一起用餐
的話，會不會很
難減肥？

A. 試著調整主食的分量。

主食分量很容易掌控，舉例來說，吃飯的話就拿小一點的飯碗盛裝，再試著將內含食物纖維及口感豐富的多穀米混入米飯中。

早、中、晚三餐當中和家人一起吃飯時便好好享用餐點，一個人吃飯的時候再提醒自己吃減肥餐並且小心含鹽量高的飲食（有些市售的調味料都是高鹽或高糖）。其實只要自己動手做醬汁，調整調味料的比例，對減重也會很有幫助。

Q.

A. 停滯期多做一些運動會更有效。

最好還是
要運動嗎？

在意內臟脂肪的人，減肥後要維持體重、防止復胖的話，每天都要做些可以輕鬆持續下去的運動。

例如在通勤時爬樓梯、搭公車時提早一站下車，或是做家事等，都有助於在日常生活中消耗熱量。

Q.

A. 量體重及三圍！

除了飲食控制、
運動之外，還可
以怎麼做？

每天請在固定時間量體重（有時間的人還可以量腰圍等三圍尺寸），還可以記錄飲食日記，像是在飲酒過後隔天體重會增加、兩餐之間減少點心後體重出現變化的時候，都能藉此釐清變胖的原因或是變瘦的關鍵。

Q.

請教教我如何克
服停滯期？

A. 試著寫飲食日記。

體重下降後緊接著就會出現的停滯期，可以當作下次體
重往下掉的準備期間。這段期間只在意含醣量攝取量的
話，飲食量以及二餐之間的點心可能會變多，結果可能
會造成熱量增加，另外還必須小心鹽分攝取過多的問題。

有記錄飲食日記的話，就會發現到許多問題點，請大家
一定要來試試看；也可以將注意力放在減肥以外的事情
上，試著轉換一下心情。

Q.

怎麼做才能維持
減肥的動力？

A. 先幻想一下可能達成的目標數字。

與其在短時間內達成大幅減重的目標，倒不如不斷累積
小小的成就感，才更容易減肥成功。你的目標是不是設
定得太不合理了呢？或是有時候就算體重沒有減輕多少，
別人看到你還是會問你「是不是瘦了？」身材看起來會
小一號。

經常限制自己「不能吃這個，必須忍耐！」的話，會形
成壓力，所以在達成小小的目標之後，就要好好犒賞一
下自己。減肥時有志同道合的人彼此打氣，可以讓人維
持減肥動力，不過體質還是會因人而異。最重要的是不
能焦急，得持之以恆才行。

taste
T
00

staub 鑄鐵鍋減醣餐桌

活用中火加熱＋微火悶熟的無水料理特色，
煮出原汁原味、澎派豐富的瘦身大餐！

作　　者／大橋由香
監　　修／藤原高子
譯　　者／蔡麗蓉
封面設計／Rika Su
內文排版／王氏研創藝術有限公司
選書人（書籍企劃）／賴秉薇
責任編輯／賴秉薇

出　　版／境好出版事業有限公司
總 編 輯／黃文慧
主　　編／賴秉薇、蕭歆儀、周書宇
行銷經理／吳孟蓉
會計行政／簡佩鈺

地　　址／10491 台北市中山區松江路 131-6 號 3 樓
粉 絲 團／https://www.facebook.com/JinghaoBOOK
電　　話／(02)2516-6892
傳　　真／(02)2516-6891

發　　行／采實文化事業股份有限公司
地　　址／10457 台北市中山區南京東路二段 95 號 9 樓
電　　話／(02)2511-9798
傳　　真／(02)2571-3298
電子信箱／acme@acmebook.com.tw
采實官網／www.acmebook.com.tw

法律顧問／第一國際法律事務所　余淑杏律師

定　　價／380 元
初版一刷／2021 年 11 月
ISBN ／978-626-95211-0-4

國家圖書館出版品預行編目資料

STAUB 鑄鐵鍋減醣餐桌：活用中火加熱＋
微火悶熟的無水料理特色，煮出原汁原味、
澎派豐富的瘦身大餐！/ 大橋由香，藤原高
子著；蔡麗蓉譯 . -- 初版 . -- 臺北市：境好
出版事業有限公司出版：采實文化事業股
份有限公司發行，2021.11
　　面；公分 .--
ISBN 978-626-95211-0-4(平裝)

1. 食譜 2. 烹飪 3. 減重

427.1　　　　　　　　　　110016535

STAUB DE TOUSHITSU OFF by Yuka Ohashi
Copyright © 2020 Yuka Ohashi/ PAROCO CO., LTD.
All rights reserved.
Original Japanese edition published by PARCO CO.,LTD.
Traditional Chinese translation copyright © 2021 by JingHao Publishing Co., Ltd.
This Traditional Chinese edition published by arrangement with PARCO CO.,LTD., Tokyo, through HonnoKizuna, Inc.,
Tokyo, and Keio Cultural Enterprise Co., Ltd.

加入臉書社團
我愛 Staub 鑄鐵
展現廚藝 共賞美鍋

f 我愛Staub鑄鐵鍋

加入臉書「我愛STAUB鑄鐵鍋」社團，
跟愛好者一起交流互動，欣賞彼此的料理與美鍋，
並可參加社團舉辦料理晒圖抽獎活動。

正 貼
郵 票

境好出版

10491 台北市中山區松江路 131-6 號 3 樓

境好出版事業有限公司　收

讀者服務專線：02-2516-6892

staub
鑄鐵鍋減醣餐桌

大橋由香

藤原高子(營養師) 監修　蔡麗容 譯

| 讀者回饋卡 |

感謝您購買本書，您的建議是境好出版前進的原動力。請撥冗填寫此卡，我們將不定期提供您最新的出版訊息與優惠活動。您的支持與鼓勵，將使我們更加努力製作出更好的作品。

讀者資料（本資料只供出版社內部建檔及寄送必要書訊時使用）

姓名：＿＿＿＿＿＿＿＿　性別：□男　□女　出生年月日：民國＿＿＿年＿＿月＿＿日

E-MAIL：＿＿＿＿＿＿＿＿＿＿＿＿＿＿＿＿＿＿＿＿＿＿＿＿＿＿＿

地址：＿＿＿＿＿＿＿＿＿＿＿＿＿＿＿＿＿＿＿＿＿＿＿＿＿＿＿＿＿

電話：＿＿＿＿＿＿＿　手機：＿＿＿＿＿＿＿　傳真：＿＿＿＿＿＿＿

職業：□學生　　　　　□生產、製造　　□金融、商業　　□傳播、廣告　　□軍人、公務
　　　□教育、文化　　□旅遊、運輸　　□醫療、保健　　□仲介、服務　　□自由、家管
　　　□其他＿＿＿＿＿＿＿＿＿＿＿＿＿＿＿＿＿＿＿＿

購書資訊

1. 您如何購買本書？
　　□一般書店（縣市 書店）　　□網路書店（書店）　　□量販店　　□郵購　　□其他

2. 您從何處知道本書？
　　□一般書店　　□網路書店（書店）　　□量販店　　□報紙　　□廣播電社
　　□社群媒體　　□朋友推薦　　　　　□其他

3. 您購買本書的原因？
　　□喜歡作者　　□對內容感興趣　　□工作需要　　□其他

4. 您對本書的評價：（ 請填代號 1.非常滿意　2.滿意　3.尚可　4.待改進 ）
　　□定價　　□內容　　□版面編排　　□印刷　　□整體評價

5. 您的閱讀習慣：
　　□生活飲食　　□商業理財　　□健康醫療　　□心靈勵志　　□藝術設計　　□文史哲
　　□其他＿＿＿＿＿＿＿＿＿＿＿＿＿＿＿

6. 您最喜歡作者在本書中的哪一個單元：＿＿＿＿＿＿＿＿＿＿＿＿＿＿＿＿＿＿＿

7. 您對本書或境好出版的建議：＿＿＿＿＿＿＿＿＿＿＿＿＿＿

臉書人氣社團
【我愛 staub 鑄鐵鍋】
熱愛鍋款

寄回函，抽好禮！ 將讀者回饋卡填妥寄回，就有機會獲得精美大獎！

【法國 Staub】**圓形琺瑯鑄鐵鍋 24cm**
波爾多紅・市價 13,300 元　　抽 3 名

● 活動截止日期：即日起至 2022 年 1 月 31 日　　● 得獎名單將於 2022 年 2 月 15 日公布在境好出版 FB